Estatística geral e aplicada

O GEN | Grupo Editorial Nacional – maior plataforma editorial brasileira no segmento científico, técnico e profissional – publica conteúdos nas áreas de ciências sociais aplicadas, exatas, humanas, jurídicas e da saúde, além de prover serviços direcionados à educação continuada e à preparação para concursos.

As editoras que integram o GEN, das mais respeitadas no mercado editorial, construíram catálogos inigualáveis, com obras decisivas para a formação acadêmica e o aperfeiçoamento de várias gerações de profissionais e estudantes, tendo se tornado sinônimo de qualidade e seriedade.

A missão do GEN e dos núcleos de conteúdo que o compõem é prover a melhor informação científica e distribuí-la de maneira flexível e conveniente, a preços justos, gerando benefícios e servindo a autores, docentes, livreiros, funcionários, colaboradores e acionistas.

Nosso comportamento ético incondicional e nossa responsabilidade social e ambiental são reforçados pela natureza educacional de nossa atividade e dão sustentabilidade ao crescimento contínuo e à rentabilidade do grupo.

Sergio Rocha

Estatística geral e aplicada

para cursos de Engenharia

2ª Edição

O autor e a editora empenharam-se para citar adequadamente e dar o devido crédito a todos os detentores dos direitos autorais de qualquer material utilizado neste livro, dispondo-se a possíveis acertos caso, inadvertidamente, a identificação de algum deles tenha sido omitida.

Não é responsabilidade da editora nem do autor a ocorrência de eventuais perdas ou danos a pessoas ou bens que tenham origem no uso desta publicação.

Apesar dos melhores esforços do autor, do editor e dos revisores, é inevitável que surjam erros no texto. Assim, são bem-vindas as comunicações de usuários sobre correções ou sugestões referentes ao conteúdo ou ao nível pedagógico que auxiliem o aprimoramento de edições futuras. Os comentários dos leitores podem ser encaminhados à **Editora Atlas Ltda.** pelo e-mail editorialcsa@grupogen.com.br.

Direitos exclusivos para a língua portuguesa
Copyright © 2013 by
Editora Atlas Ltda.
Uma editora integrante do GEN | Grupo Editorial Nacional

Reservados todos os direitos. É proibida a duplicação ou reprodução deste volume, no todo ou em parte, sob quaisquer formas ou por quaisquer meios (eletrônico, mecânico, gravação, fotocópia, distribuição na internet ou outros), sem permissão expressa da editora.

Rua Conselheiro Nébias, 1384
Campos Elísios, São Paulo, SP — CEP 01203-904
Tels.: 21-3543-0770/11-5080-0770
editorialcsa@grupogen.com.br
www.grupogen.com.br

Capa: Leonardo Hermano
Composição: Set-up Time Artes Gráficas

Dados Internacionais de Catalogação na Publicação (CIP)
(Câmara Brasileira do Livro, SP, Brasil)

Rocha, Sergio

Estatística geral e aplicada para cursos de engenharia / Sergio Rocha. – 2. ed. – [2. reimpr.] – São Paulo: Atlas, 2018.

ISBN 978-85-224-9804-8

1. Engenharia 2. Estatística I. Título.

13-06938   CDD-519.5

Índice para catálogo sistemático:
1. Estatística aplicada 519.5
2. Estatística geral 519.5

*À minha esposa Euci, aos meus filhos
Sergio e Michel e ao meu neto Daniel.*

Sumário

Prefácio, xi

1 Introdução, 1
    1.1   O que é estatística?, 1
    1.2   Ramos da estatística, 1
    1.3   Análise dos dados, 2
    1.4   Estatística com computadores, 3
    1.5   Arredondamento de dados, 3

2 Estatística descritiva (1º ramo da Estatística), 7
    2.1   Variáveis quantitativas e qualitativas, 7
            2.1.1   Variáveis quantitativas, 8
            2.1.2   Variáveis qualitativas, 8
    2.2   Planejamento de experimentos, 9
    2.3   Amostras e populações, 10
    2.4   Amostragem, 10
    2.5   Métodos de amostragem probabilística, 11
    2.6   Métodos de amostragem não probabilística, 12
    2.7   Tabelas estatísticas, 14
    2.8   Tabelas de frequências, 16
    2.9   Como construir uma tabela de frequências, 17
    2.10   Frequências relativas e frequências acumuladas, 22
    2.11   Histograma, 24
    2.12   Polígono de frequências, 28

3 Medidas de tendência central, 31
- 3.1 Média aritmética, 31
  - 3.1.1 Média aritmética simples, 31
  - 3.1.2 Média aritmética ponderada, 32
  - 3.1.3 Média aritmética para dados tabulados, 33
- 3.2 Mediana, 38
  - 3.2.1 Mediana para dados não tabulados, 38
  - 3.2.2 Mediana para dados tabulados, 42
- 3.3 Moda, 47
  - 3.3.1 Moda para dados não tabulados, 47
  - 3.3.2 Moda para dados tabulados, 48
- 3.4 Análise das medidas de tendência central, 52
- 3.5 Separatrizes: quartis, decis e percentis, 53
- 3.6 Separatrizes para dados tabulados, 54

4 Medidas de dispersão ou variabilidade, 59
Introdução, 59
- 4.1 Amplitude total, 60
- 4.2 Intervalo semi-interquartil (ou desvio quartílico), 60
- 4.3 Desvio-médio e desvio-padrão (para dados não tabulados), 60
  - 4.3.1 Desvio-médio, 60
  - 4.3.2 Desvio-padrão, 61
  - 4.3.3 Variância, 62
  - 4.3.4 Cálculo do desvio-médio e do desvio-padrão, 62
  - 4.3.5 Cálculo da média e do desvio-padrão nas calculadoras, 67
  - 4.3.6 Coeficiente de variação de Pearson, 69
- 4.4 Desvio-médio e desvio-padrão (para dados tabulados), 71
  - 4.4.1 Desvio-médio, 71
  - 4.4.2 Desvio-padrão, 71

5 Medidas de assimetria e curtose, 75
- 5.1 Assimetria, 75
- 5.2 Curtose, 77
- 5.3 Exercícios de revisão (Capítulos 2 a 5), 86

6 Probabilidades (2º ramo da Estatística), 91
- 6.1 Probabilidade simples, 91
- 6.2 Regra da Adição, 92
- 6.3 Regra da Multiplicação, 93
- 6.4 Diagrama da árvore, 95

7 Análise combinatória, 105
- 7.1 Princípio fundamental da contagem, 105

7.2 Fatorial, 106
7.3 Arranjos simples, 107
7.4 Permutação simples, 108
7.5 Combinação simples, 109
7.6 Combinações complementares, 112

8 **Distribuições de probabilidades, 115**
8.1 Distribuições discretas de probabilidades, 115
    8.1.1 Distribuição binomial, 115
    8.1.2 Distribuição hipergeométrica, 122
    8.1.3 Distribuição de Poisson, 130
8.2 Distribuições Contínuas de Probabilidades, 132
    8.2.1 Distribuição exponencial, 132
    8.2.2 Distribuição uniforme, 134

9 **Distribuição normal (ou de Gauss), 137**
9.1 O coeficiente z, 139
9.2 Como usar a Tabela 1 (tabela do coeficiente z), 139
9.3 Aplicações (distribuição normal), 142

10 **Inferência estatística (3º ramo da Estatística), 157**
10.1 Distribuição amostral, 157
10.2 Estimativa de uma média populacional, 158
10.3 1º Caso: Estimativa da média populacional quando o desvio-padrão populacional é CONHECIDO, 158
    10.3.1 Valor do coeficiente z (para intervalos de confiança), 160
    10.3.2 Erro de estimativa da média, 166
    10.3.3 Erro-padrão da média, 166
    10.3.4 Fator de correção para população finita, 169
    10.3.5 Estimativa da média utilizando o fator de correção para população finita, 170
    10.3.6 Erro de estimativa da média utilizando o fator de correção para população finita, 170
    10.3.7 Erro-padrão da média utilizando o fator de correção para população finita, 170
    10.3.8 Tamanho da amostra, 174
    10.3.9 Tamanho da amostra para população finita (para estimativa da média populacional), 176
10.4 2º Caso: Estimativa da média populacional quando o desvio-padrão populacional é DESCONHECIDO, 178
    10.4.1 Teorema central do limite, 179
    10.4.2 Como usar a Tabela 2 (tabela do coeficiente t), 179
    10.4.3 Estimativa da média populacional, 181

        10.4.4   Estimativa da média populacional utilizando o fator de correção para população finita, 183
10.5   Estimativa de uma proporção populacional, 200
        10.5.1   Erro de estimativa de uma proporção populacional, 201
        10.5.2   Estimativa de uma proporção utilizando o fator de correção para população finita, 202
        10.5.3   Erro de estimativa com fator de correção para população finita, 203
        10.5.4   Tamanho da amostra (para estimativa de uma proporção populacional), 205
        10.5.5   Tamanho da amostra para população finita (para estimativa de uma proporção populacional), 207
10.6   Estimativa de uma variância populacional, 215
        10.6.1   Estimativas da variância e do desvio-padrão populacional, 215
        10.6.2   Como usar a Tabela 3 (Distribuição Qui Quadrado), 216

11   Testes de hipóteses ou de significância, 219
11.1   Hipóteses estatísticas, 219
11.2   Níveis de Significância, 220
11.3   Testes de Hipóteses para MÉDIAS Populacionais, 220
        11.3.1   Valor da estatística de teste para MÉDIAS, 221
        11.3.2   Teste bilateral, 221
        11.3.3   Valor crítico do teste bilateral, 222
        11.3.4   Teste unilateral (ou unicaudal) à esquerda, 232
        11.3.5   Valor crítico do teste unilateral à esquerda, 232
        11.3.6   Teste unilateral (ou unicaudal) à direita, 237
        11.3.7   Valor crítico do teste unilateral à direita, 237
11.4   Testes de hipóteses para PROPORÇÕES populacionais, 243
        11.4.1   Valor da estatística de teste para as proporções, 244

12   Noções de correlação e regressão, 249
12.1   Correlação, 249
12.2   Correlação linear simples, 250
        12.2.1   Correlação linear direta (ou positiva), 250
        12.2.2   Correlação linear inversa (ou negativa), 251
        12.2.3   Correlação nula, 252
        12.2.4   Correlação não linear, 252
12.3   Coeficiente de correlação linear (r), 253
12.4   Regressão linear simples, 254
12.5   Coeficiente de determinação (r^2), 255
12.6   Aplicações (correlação e regressão), 258

Tabelas, 281

Referências, 285

Prefácio

É com imensa satisfação que chegamos à segunda edição desta obra, fruto de muitos anos de trabalho no ensino de Estatística. A grande aceitação deste livro comprova que os objetivos foram alcançados: oferecer aos professores e alunos um material didático, básico e bem objetivo.

Nesta segunda edição, foram feitas apenas as correções da edição anterior, ao mesmo tempo em que os espaços dos textos nas listas de exercícios ficaram maiores para melhor atender os estudantes que utilizam o próprio livro para resolver os exercícios. É importante ressaltar que não houve alteração dos conteúdos, nem das páginas em que eles se encontravam na primeira edição, de tal forma que os professores e os estudantes podem utilizar qualquer uma das edições para desenvolver os seus estudos, os quais podem ser feitos em um ou dois semestres.

Em cada tópico abordado no livro, é apresentada uma significativa quantidade de exemplos resolvidos, detalhadamente, e de exercícios, para o completo entendimento dos conceitos básicos e suas aplicações de Estatística Descritiva, Probabilidades, Inferência Estatística e Correlação Linear Simples. Também são apresentadas técnicas para construção de gráficos.

Outro objetivo desta obra é o de auxiliar os estudantes que, mesmo apresentando algumas dificuldades em Matemática, poderão compreender bem os conteúdos desenvolvidos, pois encontrarão explicações dadas passo a passo. O próprio leitor que tenha interesse em compreender a Estatística poderá estudar sozinho os conteúdos, sem nenhuma dificuldade.

Este livro é destinado não apenas aos alunos dos cursos de Engenharia, mas, também, dos cursos de Administração, Economia, da área de Exatas e de outros cursos que necessitam da Estatística para uma boa formação de seus alunos.

Sergio Rocha

Agradecimentos

Meus agradecimentos a todos os colegas professores pelo incentivo, críticas e sugestões. Espero continuar recebendo a confiança demonstrada em todos esses anos de trabalho.

Finalmente, agradeço a imprescindível colaboração de toda a equipe da Editora ATLAS, que, desde a primeira edição, não mediu esforços para concretizar a publicação desta obra, em especial a:

Luiz Herrmann Jr.
José Gullo
Michelle Cerri
Mariangela Romero Russo
Ailton B. Brandão
Sergio Gerencer
Anselmo Teixeira
Rebeca Thais P. Jacob
Natalia Marques de Goes
Caroline Ferreira
Humberto Camerlingo
Lucimar Silva
Walkiria Santos
Rosana Bazaglia
José Luis R. Cruz

Sergio Rocha

1

Introdução

1.1 O que é estatística?

A palavra *estatística* vem do latim e significa "**estado**". Os primeiros usos da estatística foram realizados para obtenção do número de habitantes da população, nascimentos, casamentos etc., e elaboração de tabelas e gráficos para apresentação resumida de várias características de um país.

Podemos definir a Estatística como um conjunto de métodos e processos quantitativos que serve para estudar e medir os fenômenos coletivos. Podemos, também, definir a Estatística como um conjunto de técnicas e métodos que, através de dados obtidos em estudos ou experimentos realizados nas mais diferentes áreas do conhecimento, permite organizar, descrever, analisar, interpretar e tirar conclusões com base nesses dados.

1.2 Ramos da estatística

A Estatística se divide em **três ramos**: Estatística Descritiva, Teoria da Probabilidade e Inferência Estatística.

Estatística descritiva

A **Estatística Descritiva** compreende a coleta, a organização, a análise e o resumo de dados oriundos de pesquisas ou levantamentos, mas sem fazer nenhuma generalização dos resultados obtidos. Aqui, utilizam-se tabelas e gráficos para representar essas informações. Como exemplos, citamos: a taxa de desemprego, a durabilidade média de certos produtos, os níveis de poluição ambiental, a produção média industrial, a média de estudantes etc.

Neste ramo, se enquadram as medidas de tendência central (média aritmética, mediana e moda) e as medidas de dispersão ou variabilidade (desvio-médio e desvio-padrão).

Teoria das probabilidades

Sempre que estudamos fenômenos de caráter aleatório, deparamos com a incerteza de seus resultados, pois não podem ser previstos com plena certeza; então é a **Teoria das Probabilidades** que se encarrega de realizar e desenvolver esses estudos.

As incertezas estão presentes no nosso dia a dia. Vejamos alguns exemplos:

- Qual é a garantia que temos do fabricante de que um dos pneus do meu carro não vai estourar durante uma viagem?
- Que garantia temos de que o conteúdo de determinada lata em conserva de certo produto está em condições de ser consumido, mesmo que dentro do seu prazo de validade?
- Qual é a garantia de que um extintor de incêndio irá funcionar quando pressionado?

Inferência estatística

Este é o terceiro ramo da Estatística, em que envolve a formulação de certos julgamentos sobre um todo (**população**) após examinar apenas uma parte dele (**amostra aleatória**), isto é, tomar decisões com base em dados colhidos de uma amostra. A **inferência estatística** é feita por meio de **testes de hipóteses**, mas como toda inferência, está sujeita a **erro**. A inferência estatística tem como base a Teoria das Probabilidades. (**Inferir** significa tirar por conclusão; deduzir pelo raciocínio.)

1.3 Análise dos dados

Em uma pesquisa, ao fazermos um levantamento de dados, devemos tomar o cuidado de observar e analisar os dados coletados para evitarmos erros grosseiros que poderão prejudicar as nossas conclusões. Como exemplo, se estivermos coletando os salários de um grupo de funcionários de determinada categoria de uma empresa, e os resultados estiverem compreendidos entre R$ 1700,00 e R$ 2400,00, exceto um deles que foi de R$ 20000,00, não podemos simplesmente considerar todos esses valores para obtermos as características dessa distribuição; precisamos verificar se esse salário que está muito alto em relação aos demais funcionários não foi um erro de digitação, ou seja, o verdadeiro salário poderia ser de R$ 2000,00 e foi digitado R$ 20000,00, e isto irá distorcer totalmente as nossas conclusões a respeito desses salários.

1.4 Estatística com computadores

Atualmente, a Estatística tornou-se uma ferramenta indispensável em quase todos os campos de pesquisa, e com o advento do computador, as exaustivas tarefas são resolvidas com muita rapidez e eficiência. Existem no mercado diversos *softwares* que muito nos auxiliam nessa árdua tarefa de trabalhar com uma grande quantidade de informações, como, por exemplo, o STATDISK e o MINITAB, mas há necessidade de se tomar alguns cuidados, pois pessoas despreparadas poderão utilizar técnicas inadequadas para resolver problemas, esquecendo-se de que é fundamental e indispensável ter um bom domínio dos conceitos básicos de Estatística.

1.5 Arredondamento de dados

De acordo com a Resolução nº 886/66, da Fundação IBGE, o arredondamento é feito da seguinte maneira:

1º caso: **Arredondamento por falta:** Quando o primeiro dígito dos que irão ser **eliminados** for **menor ou igual a quatro** (isto é, menor do que 5).

Exemplos:

	Número a arredondar	Arredondamento para	Número arredondado
a)	11,372	Inteiros	11
b)	46,8417	Décimos	46,8
c)	261,761	Centésimos	261,76

2º caso: **Arredondamento por excesso:** Quando o primeiro dígito após aquele que será arredondado for **maior ou igual a cinco**, seguido por dígitos maiores que zero: acrescentar uma unidade no algarismo a ser arredondado.

Exemplos:

	Número a arredondar	Arredondamento para	Número arredondado
a)	32,827	Inteiros	33
b)	16,763	Décimos	16,8
c)	23,42502	Centésimos	23,43

3º caso: **Caso particular: números terminados em 5:** Quando o número a ser arredondado for:

- uma decimal exata;
- terminado em cinco (ou for um cinco seguido somente de zeros);
- e o arredondamento for feito no **dígito imediatamente anterior** a esse 5 em que o número está terminando;

procedemos da seguinte forma:

1) **NÃO ALTERAR** o valor desse dígito, se o mesmo for **PAR**.
2) **AUMENTAR** em uma unidade se esse dígito for **ÍMPAR** (ou seja, é o caso geral de arredondamento, pois o dígito posterior ao dígito a ser arredondado é igual a 5).

ATENÇÃO: CUIDADO para não utilizar o caso particular nos casos gerais!

Exemplos: Arredondar para centésimos:

73,365 → 73,36 (como a 2ª decimal é o algarismo 6, que é **par, deixar o próprio algarismo** 6 na 2ª decimal)

41,74500000 → 41,74 (como esse número corresponde a 41,745 e a 2ª decimal é o algarismo 4, que é **par, deixar o mesmo algarismo** 4 na 2ª decimal)

61,135 → 61,14 (como a 2ª decimal é o algarismo 3, que é ímpar, acrescentar uma unidade ao 3, ou seja, a 2ª decimal passará a ser 4)

ATENÇÃO: Não devemos **NUNCA** fazer arredondamentos sucessivos.

Exemplo: Para arredondar o número 21,74631 para décimos, o número arredondado será **21,7**. Agora, se alguém arredondar primeiramente para centésimos obterá 21,75, e se arredondar este último para décimos, obterá **21,8**, e não 21,7, que é o correto.

Exercício

Fazer o arredondamento dos seguintes números:

	Número a arredondar	Arredondamento para	Número arredondado
1)	53,479	Inteiros	
2)	26,571	Décimos	
3)	152,9838...	Centésimos	
4)	31,834	Décimos	
5)	65,0921	Centésimos	
6)	16,504	Inteiros	
7)	27,587	Centésimos	
8)	37,6032	Centésimos	
9)	44,964...	Décimos	
10)	315,500	Inteiros	
11)	316,500	Inteiros	
12)	316,750	Décimos	
13)	316,705	Centésimos	
14)	316,735	Centésimos	
15)	4,972618	Milésimos	
16)	10,739274	Décimos de milésimos	
17)	81,938372	Milésimos	
18)	0,0034186	Décimos de milésimos	
19)	0,00083724	Centésimos de milésimos	
20)	12,1450000000	Centésimos	
21)	12,14555	Centésimos	
22)	83,6545	Décimos	
23)	127,85005	Décimos	
24)	72,150005	Centésimos	
25)	16,3445...	Milésimos	
26)	8,0995000000	Milésimos	

27)	43,341	Três algarismos significativos	
28)	0,01953	Dois algarismos significativos	
29)	0,403056	Dois algarismos significativos	
30)	0,0000555	Um algarismo significativo	
31)	12357	Dezena mais próxima	
32)	130,055	Unidade mais próxima	
33)	6739	Centena mais próxima	

Respostas: **1)** 53; **2)** 26,6; **3)** 152,98; **4)** 31,8; **5)** 65,09; **6)** 17; **7)** 27,59; **8)** 37,60; **9)** 45,0; **10)** 316; **11)** 316; **12)** 316,8; **13)** 316,70; **14)** 316,74; **15)** 4,973; **16)** 10,7393; **17)** 81,938; **18)** 0,0034; **19)** 0,00084; **20)** 12,14; **21)** 12,15; **22)** 83,7; **23)** 127,9; **24)** 72,15; **25)** 16,345; **26)** 8,100; **27)** 43,3; **28)** 0,020; **29)** 0,40; **30)** 0,00006; **31)** 12360; **32)** 130; **33)** 6700.

2

Estatística descritiva (1º ramo da Estatística)

2.1 Variáveis quantitativas e qualitativas

Ao fazermos um levantamento de um conjunto de dados, numéricos ou não, extraídos, por exemplo, de um grupo de pessoas, estamos querendo obter uma ou mais características de interesse desses dados, tais como peso, altura, idade, sexo, número de filhos, religião, salário, nível de instrução etc. Cada uma dessas características é denominada de *variável*.

As variáveis são divididas em quantitativas e qualitativas.

As *variáveis de natureza numérica* são denominadas *quantitativas*, e as *não numéricas*, *qualitativas*.

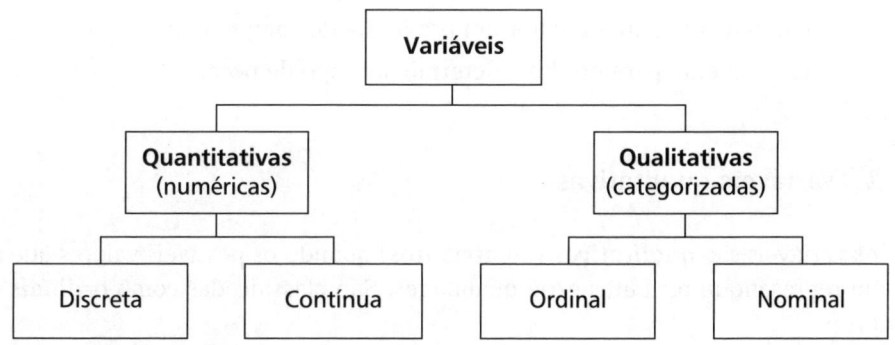

2.1.1 Variáveis quantitativas

As variáveis *quantitativas* podem ser subdivididas em **discretas** e **contínuas**:

(I) *Variáveis quantitativas discretas*: Quando os valores podem ser **contados**.

Exemplos
- Número de residências que possuem energia elétrica.
- Quantidade de peças defeituosas produzidas por uma máquina.
- Número de mudas de árvores plantadas no mês passado em determinada cidade.
- Quantidade de pessoas que trabalham em determinada obra.
- Número de experiências realizadas em um laboratório.
- Quantidade de notas fiscais expedidas em certo dia.

(II) *Variáveis quantitativas contínuas*: Quando se pode tomar **qualquer valor** de um determinado **intervalo** de números reais.

Exemplos
- Altura média que certo tipo de planta atinge após três meses de seu plantio.
- Consumo médio de água por residência em certa cidade.
- Consumo médio de combustível de um automóvel.
- Diâmetro de um rolamento.
- Média de clientes atendidos por dia.
- Peso do conteúdo de um pacote de cereais.
- Tempo decorrido antes da primeira falha de um dispositivo.
- Tempo médio para a realização de uma experiência em um laboratório.
- Tempo médio para executar um programa de computador.
- Tempo médio para produzir determinado tipo de peça.

2.1.2 Variáveis qualitativas

As variáveis são *qualitativas* (ou *atributos*) quando os possíveis valores que assumem representam atributos e/ou qualidades. São classificadas como *ordinais* ou *nominais*:

(III) *Variáveis qualitativas ordinais*: Quando as variáveis têm uma ordenação natural ou sequência classificatória.

Exemplos
- Tamanho (pequeno, médio ou grande).
- Nível de instrução da pessoa, do aluno, do pai, da mãe (Ensino Fundamental, Médio ou Superior).
- Classe social (baixa, média ou alta; ou A, B, C, D, E).
- Atuação escolar (fraca, regular, boa ou ótima).
- Gravidade de uma doença (leve, moderada ou severa).

(IV) *Variáveis qualitativas nominais*: Quando não é possível estabelecer uma ordem natural entre seus valores.

Exemplos
- Esporte que pratica (futebol, natação etc.).
- Estado civil (solteiro, casado etc.).
- Estado em que nasceu (São Paulo, Rio de Janeiro, Paraná etc.).
- Fumante (sim ou não).
- Nacionalidade (brasileiro ou estrangeiro).
- Religião (católico, evangélico, espírita, outra).
- Sexo (feminino ou masculino).
- Tipo sanguíneo (A, B, AB ou O).

2.2 Planejamento de experimentos

As principais etapas de um estudo estatístico são:

- Definir o tipo de problema a ser estudado.
- Identificar a população-alvo de interesse desse estudo.
- Planejar uma estratégia minuciosa e cuidadosa para execução desse estudo, considerando que os dados podem ser obtidos por contagem ou medição.
- Proceder à coleta de dados.
- Fazer uma crítica (análise) dos dados obtidos para evitar possíveis erros grosseiros.
- Apresentar os dados obtidos nesse estudo (podem ser utilizados tabelas e gráficos).
- Interpretar os dados obtidos e tirar as conclusões sobre o estudo realizado.

2.3 Amostras e populações

Em um levantamento com um grande número de dados, dificilmente tem-se acesso ao **todo**, que se chama **população ou universo**, então considera-se apenas uma **parte** dessa população, que se chama **amostra**, e que deve ser **aleatória**, isto é, todo elemento da população tem a mesma chance que todos os outros elementos da população de pertencer a essa amostra.

Uma população pode ser:

- *Finita*: quando possui um número determinado de elementos.
- *Infinita*: quando possui um número infinito de elementos. É importante observar que, na prática, não existem populações infinitas; neste caso, consideram-se as populações com um grande número de elementos como sendo infinita. Por exemplo, a quantidade de árvores existente no país.

Em praticamente todos os levantamentos coletam-se amostras aleatórias das populações, principalmente das que são muito grandes, por várias razões, tais como:

- Custo e demora das pesquisas para levantamento dos dados. Por exemplo, tipo de esporte praticado pelos trabalhadores de determinada categoria profissional.
- Inviabilidade de se observar toda população. Por exemplo, uma fábrica não tem como testar todos os fósforos que produz.

2.4 Amostragem

A amostragem é o ato ou processo de seleção ou extração de amostras de uma população, e que tem as mesmas características desejadas. A finalidade da amostragem é obter uma indicação do valor de um ou mais parâmetros de uma população, tais como a média, o desvio-padrão ou a proporção de itens que possuem determinada característica.

Assim, quando recebemos em um supermercado um copinho de café de uma nova marca, ou então ouvimos alguns trechos de um novo CD em uma loja em um *shopping center*, e, em seguida, vamos decidir pela compra ou não do produto, estamos, na verdade, fazendo amostragem. Percebemos, claramente, que a amostragem faz parte do nosso dia a dia.

A complexidade da amostragem depende da população e do problema que se pretende estudar. Na indústria, por exemplo, as obtenções das amostras para o controle da qualidade dos produtos não são tão difíceis de se obter, enquanto nos problemas econômicos e sociais, por exemplo, encontram-se muitas dificuldades na obtenção das amostras, exigindo do pesquisador muita prática e bom-senso.

A amostragem é *probabilística* quando todos os elementos têm probabilidade conhecida, e não nula, de pertencer à amostra; caso contrário, a amostragem é *não probabilística*.

2.5 Métodos de amostragem probabilística

Os métodos para obtenção de uma amostra probabilística são:

(1) Amostragem aleatória simples

Este é o modo mais fácil e prático de obtermos uma amostra probabilística de uma população, o qual exige que cada elemento da população tenha a mesma chance de todos os outros elementos da população de pertencer a essa amostra.

Por exemplo, imagine que você quer obter uma amostra de 5% dos 300 funcionários de uma empresa para entrevistá-los sobre a qualidade das refeições servidas por um novo fornecedor. Uma forma bem simples de obter essa amostra é escrever o nome desses funcionários em pedaços de papel, colocá-los em uma caixa, misturar bem e retirar 15 papéis. Outra forma, seria a de elaborar uma lista desses 300 funcionários, numerando-os de 001 a 300 e, em seguida, utilizar uma tabela de números aleatórios (existem várias tabelas desse tipo) para selecionar os 15 funcionários (também poderia ser utilizado o mesmo procedimento anterior, escrevendo esses números em pedaços de papel).

(2) Amostragem sistemática

Tal como na amostragem aleatória simples, retiramos uma amostra de uma população, a qual deve estar ordenada em uma listagem. É um processo simples no qual calculamos o valor obtido pela divisão do total de elementos da população (N) pelo total de elementos da amostra (n), isto é, N/n (fazer o arredondamento de dados para um número inteiro), em seguida, sorteamos um primeiro elemento da população no intervalo de 1 a N/n, e a partir desse primeiro elemento, somamos sucessivamente o valor N/n a cada elemento que for encontrado, para saber a posição de cada um dos elementos da população nesta lista, que comporão a amostra.

No exemplo anterior, no qual se pretende obter uma amostra de 15 dos 300 funcionários da empresa (os quais devem estar listados ordenadamente), dividindo 300 (tamanho da população) por 15 (tamanho da amostra), obtemos 20, ou seja, a cada 20 funcionários selecionamos um deles. Para dar início a esta seleção, escolhemos aleatoriamente um funcionário entre os 20 primeiros da lista dos 300 funcionários. Se, por exemplo, for sorteado o 12º funcionário, ele será o primeiro funcionário da amostra. Para encontrar o segundo funcionário, basta somar 20 ao 12, e obterá 32, ou seja, o 32º funcionário da lista geral será o segundo funcionário da amostra. Somando 20 ao 32 obtemos 52, ou seja, o 52º funcionário da lista geral será o terceiro funcionário da amostra. Continuando com esse procedimento, chegaremos ao 15º funcionário da amostra, que é o 292º funcionário da lista geral.

Essa mesma ideia é amplamente utilizada, por exemplo, na inspeção de peças que são produzidas por uma máquina, em auditorias fiscais, na verificação da satisfação dos clientes etc. As grandes vantagens desse método são a economia de tempo e o fato de que os levantamentos podem ser iniciados a qualquer momento.

(3) *Amostragem estratificada*

Este método consiste em dividir uma população em, pelo menos, dois estratos (camadas, ou subpopulações) que possuem as mesmas características, de tal forma que cada elemento da população pertença a somente um dos estratos, sendo que a amostra é constituída por quantidades proporcionais de elementos de cada estrato.

Por exemplo, se um pesquisador for fazer um levantamento em uma empresa que tem 500 funcionários, sendo 300 homens e 200 mulheres, e quiser uma amostra de 5% desses funcionários (isto é, 25 funcionários), basta escolher aleatoriamente 5% do total de homens e 5% das mulheres, ou seja, 15 homens e 10 mulheres.

(4) *Amostragem por conglomerados*

Este método consiste em dividir a população em várias partes (conglomerados, ou seções) e escolher aleatoriamente algumas dessas partes. **Todos** os elementos de cada parte selecionada (conglomerado) formarão a amostra.

Como exemplo, consideremos o caso de uma máquina que empacota certo produto, os quais são colocados em caixas com 100 unidades cada uma. Certo dia, o engenheiro mecânico querendo verificar por esse método de amostragem se as quantidades de produtos em cada embalagem estão corretas, basta selecionar aleatoriamente diversas caixas (conglomerados) do total produzido nesse dia e verificar as quantidades colocadas em cada uma das caixas selecionadas.

2.6 Métodos de amostragem não probabilística

Dentre os métodos de amostragem não probabilística, destacamos: a amostragem por **julgamento** e a amostragem por **conveniência**.

(1) *Amostragem por julgamento*

Neste método, é o pesquisador quem faz a escolha dos elementos da amostra, os quais são selecionados com base no seu julgamento.

Exemplos
   a) Um pesquisador pretende entrevistar pessoas, com idade entre 40 e 50 anos e que recebam entre 8 e 10 salários-mínimos. Ao avistar uma pessoa, ele poderá julgar, por exemplo, pela sua aparência, que ela se enquadra nessas características, e assim poderá entrevistá-la.

b) Uma agência de publicidade, querendo criar uma propaganda de um sabonete da marca X, pode lançar uma pesquisa prévia, para identificar o(s) motivo(s) preferencial(is) pela compra desse produto, tais como preço, cor, suavidade, perfume, quais os artistas ou pessoas bem-sucedidas que usam esse produto etc. De posse dessas informações, a agência de publicidade cria o anúncio, cujo principal objetivo é o aumento no faturamento do fabricante com a venda desse sabonete. Para fazer um levantamento dessas informações, um pesquisador deverá abordar as pessoas em supermercados, *shopping centers*, logradouros públicos etc., as quais julga conhecerem esse produto.

c) Também se encaixam neste método as pessoas que são voluntárias, como, por exemplo, doadores de sangue, pessoas que se submetem a um tratamento para testar um novo medicamento etc.

(2) *Amostragem por conveniência (ou intencional)*

A amostragem por conveniência é um método bem simples e prático, no qual o pesquisador utiliza os resultados que já estão disponíveis, ou que são fáceis de se coletarem.

Exemplos

a) Se um professor (ou pesquisador) que trabalha em uma universidade pretende realizar determinada pesquisa que envolva estudantes universitários, ele pode obter uma amostra formada por estudantes dessa própria universidade, pois são os universitários que estão ao seu alcance, sendo, assim, uma amostra de conveniência.

b) Pesquisa com pessoas que moram no mesmo edifício em que o pesquisador mora, ou que fazem compras no mesmo supermercado, ou que frequentam o mesmo clube recreativo, ou que residam no mesmo bairro.

c) Se uma nutricionista que trabalha em uma pré-escola pretende conhecer os hábitos alimentares das crianças com idade entre 2 e 4 anos, basta entrevistar um grupo de mães que têm seus filhos nessa faixa etária e que estão matriculados nessa escola.

d) Pesquisas com transeuntes também é uma forma de amostragem por conveniência.

Obs.: Se uma emissora de rádio, ou de televisão, disponibiliza um número de telefone para saber a opinião das pessoas sobre algum problema, essa pesquisa seria autosselecionada, pois obteria somente a opinião das pessoas que estivessem dispostas a pagar para darem as suas opiniões, o que poderia acarretar em resultados tendenciosos.

IMPORTANTE: Qualquer que seja o método de amostragem, sempre estamos sujeitos a cometer um erro de amostragem (diferença entre os resultados da amostra e da população), porém, se utilizarmos os métodos da amostragem probabilística, teremos resultados mais confiáveis.

2.7 Tabelas estatísticas

Após o levantamento e análise dos dados oriundos de uma pesquisa, os dados numéricos são colocados em tabelas (ou quadros), as quais devem ser compostas de:

Cabeçalho: Corresponde ao **título**, o qual deve explicar o conteúdo de cada linha da tabela. Na tabela do tipo (I) abaixo (tabela histórica), o título é: **Censo: População brasileira**.

Corpo: É formado por **linhas** e **colunas**, nas quais são colocados os dados apurados na pesquisa. O cruzamento de uma linha com uma coluna é chamado de **casa** ou **célula**. Na tabela do tipo (I), as variáveis são os anos e as respectivas quantidades de pessoas.

Rodapé: É o espaço localizado no final da tabela, onde é colocada a indicação da **fonte** (responsável pelos dados apresentados na tabela). Também podem ser acrescentadas as **notas** de natureza informativa, quando as casas, linhas e colunas exigirem maiores esclarecimentos.

Tipos de tabelas estatísticas

(I) Tabela Histórica

\multicolumn{2}{c}{Censo: População brasileira}
Ano	Quant. (em milhões)
1920	30,6
1940	41,2
1950	51,9
1960	70,2
1970	93,1
1980	121,1
1991	146,8
2000	166,1
2010	190,7

Fonte: Censo Demográfico do IBGE.

(II) Tabela Geográfica

Áreas continentais	
Continente	Área (10^6 km²)
Ásia	43,608
África	30,335
América do Norte	23,434
América do Sul	17,611
Antártida	13,340
Europa	10,498
Oceania	8,923
América Central	1,915

Fonte: *Atlas Mundial Folha de S. Paulo.*

(III) **Tabela Específica**

Distribuição da renda na Argentina (2010)

Classe	% da renda
Pobres	8,2
Classe média baixa	18,7
Classe média alta	36,8
Ricos	36,3

Fonte: Instituto Nacional de Estatística e Censo.

(IV) **Tabela Mista**

Área/produção agrícola no Brasil (2009)

Região	Área	Produção
Norte	3,858	2,2
Nordeste	1,549	6,8
Centro-Oeste	1,602	20,0
Sul/Sudeste	1,503	49,3

Fonte: IBGE; em milhões de km² e de toneladas.

(V) **Tabelas de dupla entrada (tabulações cruzadas)**

Essas tabelas contêm duas variáveis com dados conjuntos, formando pares de dados.

Exemplos

1) A tabela abaixo apresenta as informações de se ter ou não **planos de saúde** (variável X) de um grupo de 48 pessoas, cujas **idades** (variável Y) estão subdivididas por faixas etárias, em anos:

X / Y	16 a 25	26 a 35	36 a 45	46 a 55	Total
Sim	4	7	4	8	23
Não	3	5	10	7	25
Total	7	12	14	15	48

2) A tabela abaixo apresenta as informações sobre os **salários** (variável X), em reais, por hora, e o **tempo de serviço** (variável Y), em anos, de um grupo de funcionários de uma empresa:

X / Y	< 5	5 ⊢ 10	10 ⊢ 15	15 ⊢ 20	≥ 20	Total
< 5	32	20	7	2	1	62
5 ⊢ 10	17	30	25	14	5	91
10 ⊢ 15	4	7	13	9	7	40
≥ 15	–	3	11	6	5	25
Total	53	60	56	31	18	218

3) Acidentes registrados na construção civil, durante o ano anterior:

Lesão na cabeça	Uso de capacete		Total
	Sim	Não	
Sim	22	230	252
Não	131	442	573
Total	153	672	825

4) Levantamento feito por um agrônomo em uma plantação de rosas (3 cores) para testar a qualidade das mudas:

Resultados amostrais	Cor			Total
	Branca	Vermelha	Amarela	
Floresceram	180	140	70	390
Não floresceram	20	10	30	60
Total plantado	200	150	100	450

2.8 Tabelas de frequências

Uma tabela de frequências é uma série estatística na qual os dados são agrupados em subintervalos (classes) do intervalo total de valores que se observa, relacionando esses subintervalos de valores com as respectivas contagens (frequências) do número de observações verificadas em cada classe.

Na prática, em uma tabela de frequências o **número de classes deve variar de 5 a 20**.

Exemplo: A tabela abaixo apresenta os tempos, em anos, de trabalho de um grupo de funcionários em determinada empresa:

Tempo	Nº de funcionários
0 a 5	18
5 a 10	53
10 a 15	158
15 a 20	65
20 a 25	37
25 a 30	8

2.9 Como construir uma tabela de frequências

A distribuição abaixo fornece os pesos, em kg, de um grupo de 60 funcionários de uma empresa, aleatoriamente escolhidos. Fazer o **tabulamento** desses dados (isto é, **construir uma tabela de frequências**).

39	43	45 •	50	50	53	54 •	55	58	59	61	61	63	63	63 • 64	66
68	68	68	68	68	70	71	72	72 •	73	73	73	74	75	75	75	75
75	76	77	77	78	78	78	79	80	81	81 •	82	82	82	83	84	84
84	86	88	90 •	91	95	96	99 •	106						

Solução: Para se construir uma tabela de frequências, **um dos procedimentos é feito da seguinte forma:**

1º passo: Determinação do número de classes (k). Como não utilizaremos uma quantidade muito grande de valores no nosso curso, **vamos usar SOMENTE a seguinte fórmula prática:** $\boxed{k = \sqrt{N}}$ para determinarmos o número de classes de uma tabela de frequências. Assim, o número de classes, para um total de $N = 60$ valores (pesos dos 60 funcionários), é:

$k = \sqrt{60} = 7{,}746 \Rightarrow \boxed{k = 8}$ classes → ATENÇÃO: FAZER O ARREDONDAMENTO NORMALMENTE.

Obs.: Outro método muito utilizado é a **Regra de Sturges**: $k = 1 + 3{,}3 \cdot \log N$.

2º passo: Amplitude (ou intervalo) total (A_t): é a diferença entre o **maior** e o **menor** valor da distribuição, isto é,

$A_t = 106 - 39 \Rightarrow \boxed{A_t = 67}$

3º passo: Intervalo de classe (i): $i = \dfrac{67}{8} = 8{,}375 \rightarrow i = 9$ kg → ATENÇÃO: NÃO FAÇA O ARREDONDAMENTO; PEGUE O PRÓXIMO NÚMERO INTEIRO, SUPERIOR A 8.

> **IMPORTANTE**
>
> Como os pesos da tabela são números inteiros, devemos considerar **SEMPRE** o **PRÓXIMO** número inteiro, imediatamente superior a 8,375, **mesmo** que esse quociente tenha dado como resultado um número inteiro. Procedimento análogo deve ser utilizado quando a menor unidade considerada não for um número inteiro.

4º passo: EXCESSO: Para encontrar o excesso, basta *multiplicar* o *número de classes* ($k = 8$) pelo *intervalo de classe* ($i = 9$) e *subtrair* a *amplitude total* ($A_t = 67$) para encontrar o excesso que aparecerá na construção dos limites das classes da tabela de frequências, ou seja: $\boxed{\text{Excesso} = 8 \times 9 - 67 = 72 - 67 = 5}$

Como esse excesso de 5 unidades é um número ímpar, vamos reparti-lo entre os dois extremos da distribuição da seguinte forma: o primeiro limite inferior das classes iniciará com **37** (2 unidades antes do 39, que é o menor valor da distribuição dada) e o último limite superior terminará com **109** (3 unidades após o *106*, que é o maior valor da distribuição dada).

5º passo: Construir a tabela de frequências dos pesos desses 60 funcionários:

L	f
37 ⊢ 46	3
46 ⊢ 55	4
55 ⊢ 64	8
64 ⊢ 73	11
73 ⊢ 82	19
82 ⊢ 91	10
91 ⊢ 100	4
100 ⊢ 109	1
	N = 60

onde,

L = limites das classes: inferior (à esquerda) e superior (à direita)

f = frequências absolutas das classes, isto é, quantidade de funcionários em cada uma das faixas (classes) de pesos

N = número total de funcionários

Obs.: O símbolo ⊢ (*fechado à esquerda e aberto à direita*) no intervalo **64** ⊢ **73** da tabela acima, significa que o funcionário com um peso de 64 kg é contado nesse intervalo, e o funcionário com 73 kg não (só contar nesse intervalo o funcionário que tiver peso de até 72 kg).

Exercícios

Fazer o **tabulamento dos dados** (isto é, construir uma **tabela de frequências**) para os seguintes dados:

1) Levantamento feito em determinado mês por um engenheiro eletricista sobre o consumo de energia elétrica, em kWh, em 63 residências aleatoriamente selecionadas em um bairro de baixa renda:

```
60  62  65  65  66  68  70  70  72  73  74  74  74  75  76  77  77  77
80  80  81  81  81  81  83  85  86  86  86  87  87  88  89  89  89  89
89  90  90  91  91  91  91  91  93  93  95  96  96  98  98  100 101 101
102 103 103 105 107 108 110 111 113
```

Solução:

Número de classes (k):

Amplitude:

Intervalo de classe (i):

Excesso:

1º intervalo de classe: Começar com _____

Último intervalo de classe: Terminar com _____

Tabela de frequências:

L	f
⊢	
⊢	
⊢	
⊢	
⊢	
⊢	
⊢	
⊢	
	N =

2) Nível de ruído, em decibéis, registrado por uma engenheira de controle e automação, referente aos testes realizados em um novo tipo de equipamento após certo tempo de funcionamento, para uma amostra de 70 aparelhos:

53	55	58	60	60	62	65	66	68	68	68	69	70	70	72
73	73	75	76	76	76	78	78	78	78	79	80	80	80	80
80	80	81	81	83	83	84	84	84	85	85	86	86	86	88	90	93
93	95	95	97	98	98	100	106	106	107	109	109	112	115	116	116
118	120	121	121	124	126									

3) Alturas, em cm, que atingiram os exemplares de uma amostra de 45 pés de determinado tipo de planta, num período de 6 meses, plantados por um engenheiro agrícola:

81	83	85	85	86	89	90	92	93	95	96	96	98	101	101	101
102	103	103	103	103	104	104	105	106	106	106	106	107	107	108	110
111	112	112	113	114	115	115	115	116	117	118	120	122			

4) Resultados obtidos por uma engenheira de produção sobre o número diário de peças defeituosas produzidas por determinada máquina durante certo período:

40	44	47	48	50	53	53	56	58	59	61	61	63	63	63	64	64	65	66
67	68	69	69	71	71	71	71	71	72	72	73	73	74	74	74	74	74	75
75	75	76	77	77	77	77	77	78	78	80	81	82	86	88	89	91	95	99
102	107	112																

5) Quantidade de informações perdidas em 52 testes realizados por um engenheiro de computação, durante o desenvolvimento de um novo sistema:

45	150	100	125	75	150	55	50	125	75	150	45	50	95	30	80
50	75	60	75	165	50	55	100	70	80	47	90	100	125	170	130
150	50	75	130	125	95	65	15	120	50	60	130	100	65	75	47
100	60	80	70												

Respostas:

1) L		f	2) L		f	3) L		f	4) L		f	5) L		f
59	⊢ 66	4	50	⊢ 60	3	81	⊢ 87	5	36	⊢ 46	2	12	⊢ 35	2
66	⊢ 73	5	60	⊢ 70	9	87	⊢ 93	3	46	⊢ 56	5	35	⊢ 58	12
73	⊢ 80	9	70	⊢ 80	14	93	⊢ 99	5	56	⊢ 66	11	58	⊢ 81	16
80	⊢ 87	11	80	⊢ 90	20	99	⊢ 105	10	66	⊢ 76	22	81	⊢ 104	8
87	⊢ 94	17	90	⊢ 100	8	105	⊢ 111	9	76	⊢ 86	11	104	⊢ 127	5
94	⊢ 101	6	100	⊢ 110	6	111	⊢ 117	9	86	⊢ 96	5	127	⊢ 150	3
101	⊢ 108	7	110	⊢ 120	5	117	⊢ 123	4	96	⊢ 106	2	150	⊢ 173	6
108	⊢ 115	4	120	⊢ 130	5				106	⊢ 116	2			

2.10 Frequências relativas e frequências acumuladas

Frequência absoluta relativa (f_r) de um intervalo de classe: é o quociente obtido pela divisão da frequência absoluta dessa classe pelo total de dados da tabela de frequências (**N**).

Frequência absoluta percentual (f_p) de um intervalo de classe: é o valor da frequência absoluta relativa dessa classe, em porcentagem.

Frequência acumulada (**F**) de um intervalo de classe: é a soma da frequência absoluta dessa classe com as frequências absolutas das classes anteriores.

Frequência acumulada relativa (F_r) de um intervalo de classe: é o quociente obtido pela divisão da frequência acumulada dessa classe pelo total de dados da tabela de frequências (**N**).

Frequência acumulada percentual (F_p) de um intervalo de classe: é o valor da frequência acumulada relativa dessa classe, em porcentagem.

Exemplo

L			f	f_r	f_p (%)	F	F_r	F_p (%)
37	⊢	46	3	0,050	5,0	3	0,050	5,0
46	⊢	55	4	0,067	6,7	7	0,117	11,7
55	⊢	64	8	0,133	13,3	15	0,250	25,0
64	⊢	73	11	0,183	18,3	26	0,433	43,3
73	⊢	82	19	0,316	31,6	45	0,750	75,0
82	⊢	91	10	0,167	16,7	55	0,917	91,7
91	⊢	100	4	0,067	6,7	59	0,983	98,3
100	⊢	109	1	0,017	1,7	60	1,000	100%
			N = 60	1,000	100,0			

Exercício

A tabela de frequências a seguir corresponde às produções médias diárias de um grupo de operários, registradas por uma engenheira de produção, durante certo período. Determinar:

1) A frequência absoluta relativa de cada classe (f_r).
2) A frequência absoluta percentual de cada classe (f_p).
3) A frequência acumulada de cada classe (**F**).
4) A frequência acumulada relativa de cada classe (F_r).
5) A frequência acumulada percentual de cada classe (F_p).

L			f	1) f_r	2) f_p (%)	3) F	4) F_r	5) F_p (%)
50	⊢	60	3					
60	⊢	70	9					
70	⊢	80	14					
80	⊢	90	20					
90	⊢	100	8					
100	⊢	110	6					
110	⊢	120	5					
120	⊢	130	5					
			N = 70					

Respostas:

1) 0,043; 0,129; 0,200; 0,286; 0,114; 0,086; 0,071; 0,071;

2) 4,3; 12,9; 20,0; 28,6; 11,4; 8,6; 7,1; 7,1;

3) 3; 12; 26; 46; 54; 60; 65; 70;

4) 0,043; 0,171; 0,371; 0,657; 0,771; 0,857; 0,929; 1,000;

5) 4,3; 17,1; 37,1; 65,7; 77,1; 85,7; 92,9; 100,0.

Representação gráfica das tabelas de frequências

2.11 Histograma

Um **histograma** é um diagrama de barras de uma distribuição de frequências.

Exemplo: A tabela de frequências a seguir apresenta as temperaturas diárias, em graus Fahrenheit, registradas em determinada cidade, num certo período, por um engenheiro ambiental. Construir o **histograma**.

L		f
10 ├─ 20		2
20 ├─ 30		10
30 ├─ 40		13
40 ├─ 50		16
50 ├─ 60		6
60 ├─ 70		8
70 ├─ 80		3

ESCALA – Eixo vertical

Para uma altura de 12 cm, por exemplo, temos:

$$\begin{array}{ccc} 16 & - & 12\ cm \\ 2 & - & x'\ cm \end{array} \Rightarrow x' = \frac{2 \cdot 12}{16} = 1{,}5\ cm$$

$$\begin{array}{ccc} 16 & - & 12\ cm \\ 10 & - & x'\ cm \end{array} \Rightarrow x' = \frac{10 \cdot 12}{16} = 7{,}5\ cm$$

$$\begin{array}{ccc} 16 & - & 12\ cm \\ 13 & - & x'\ cm \end{array} \Rightarrow x' = \frac{13 \cdot 12}{16} = 9{,}8\ cm$$

$$\begin{array}{ccc} 16 & - & 12\ cm \\ 6 & - & x'\ cm \end{array} \Rightarrow x' = \frac{6 \cdot 12}{16} = 4{,}5\ cm$$

$$\begin{array}{ccc} 16 & - & 12\ cm \\ 8 & - & x'\ cm \end{array} \Rightarrow x' = \frac{8 \cdot 12}{16} = 6{,}0\ cm$$

$$\begin{array}{ccc} 16 & - & 12\ cm \\ 3 & - & x'\ cm \end{array} \Rightarrow x' = \frac{3 \cdot 12}{16} = 2{,}2\ cm$$

ESCALA – Eixo horizontal

Como utilizamos 12 cm na altura do gráfico (eixo vertical), o eixo horizontal deverá ter aproximadamente essa medida, assim sendo, cada uma das 7 colunas desse histograma poderá ter 1,5 cm ou 2 cm de largura.

(**Obs.:** O gráfico a seguir está em **outra escala**)

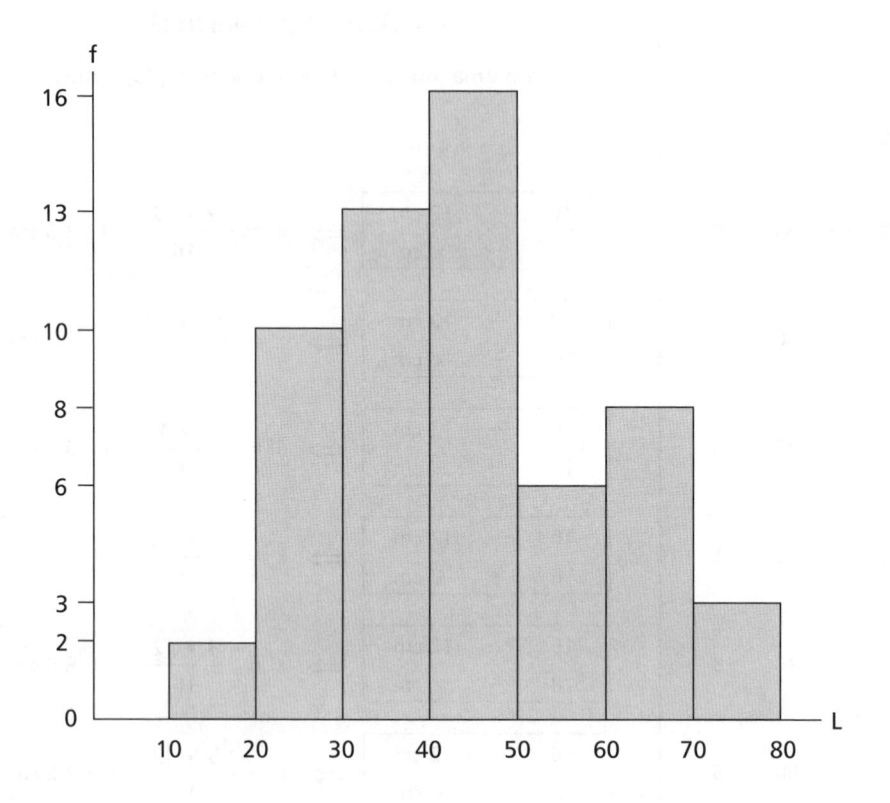

Exercício

A tabela de frequências a seguir apresenta as temperaturas, em graus Celsius, registradas por uma engenheira eletricista, durante um teste realizado com uma amostra de motores elétricos que são utilizados em determinado equipamento. Construir o **histograma**.

L			f	Escala (cm):
28	⊢	30	14	
30	⊢	32	25	
32	⊢	34	32	
34	⊢	36	57	
36	⊢	38	41	
38	⊢	40	19	
40	⊢	42	8	

2.12 Polígono de frequências

Um **polígono de frequências** é um gráfico de linhas de uma distribuição de frequências.

Exemplo

Uma engenheira civil selecionou uma amostra aleatória de operários de uma grande obra, e anotou as idades, em anos, em uma tabela de frequências. Construir o **polígono de frequências**.

ESCALA – Eixo vertical

Altura escolhida: ____ cm

L	f			x (pontos médios)
				15
18 ⊢ 24	8			21
24 ⊢ 30	24	28 — cm 8 — x' cm ⇒ x' =		27
30 ⊢ 36	28	28 — cm 24 — x' cm ⇒ x' =		33
36 ⊢ 42	20	28 — cm 20 — x' cm ⇒ x' =		39
42 ⊢ 48	16	28 — cm 16 — x' cm ⇒ x' =		45
48 ⊢ 54	8	28 — cm 4 — x' cm ⇒ x' =		51
54 ⊢ 60	4			57

63

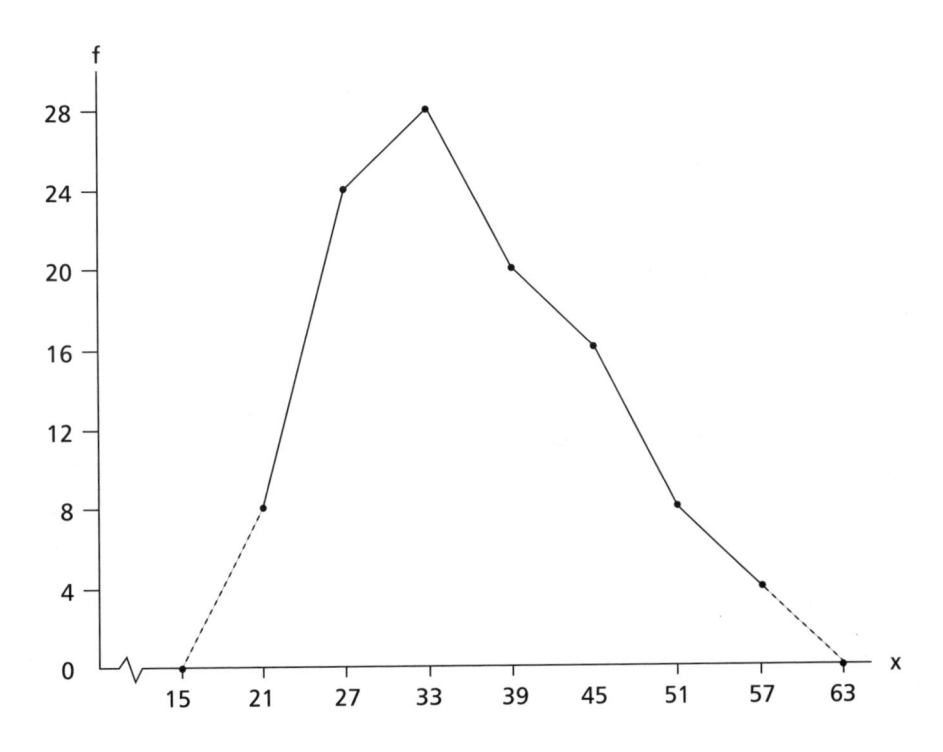

Exercício

A tabela de frequências a seguir apresenta um levantamento feito por um engenheiro de computação, referente às temperaturas máximas, em graus Celsius, suportadas por determinado tipo de circuito integrado, utilizado em certo tipo de equipamento eletroeletrônico. Construir o **polígono de frequências**.

L		f	Escala (cm):
60 ⊢ 65		1	
65 ⊢ 70		3	
70 ⊢ 75		7	
75 ⊢ 80		16	
80 ⊢ 85		11	
85 ⊢ 90		5	
90 ⊢ 95		3	
95 ⊢ 100		2	

3

Medidas de tendência central

Estudaremos a seguir as **três medidas de tendência central** mais utilizadas em Estatística: a **média**, a **mediana** e a **moda**.

3.1 Média aritmética

De um modo geral, a média aritmética é a mais importante de todas as mensurações numéricas descritivas.

3.1.1 Média aritmética simples

A **média aritmética** (símbolo: *M*) para **DADOS NÃO TABULADOS** ou **DADOS NÃO AGRUPADOS**, é dada por:

$$M = \frac{\Sigma x}{n}$$

onde,

Σ = símbolo do somatório (indica a soma das medidas *x*)

x = medidas (ou observações)

n = quantidade de medidas (ou observações)

Exemplos

1) Calcular a média aritmética simples das temperaturas máximas, em graus Celsius, registradas por uma engenheira ambiental durante 6 dias consecutivos, em determinada localidade: 32, 18, 22, 27, 20 e 38.

Solução:

$$M = \frac{\Sigma x}{n} \Rightarrow M = \frac{32 + 18 + 22 + 27 + 20 + 38}{6} = \frac{157}{6} = 26,1666... \Rightarrow \boxed{M = 26,2°C}$$

REGRA DO ARREDONDAMENTO

Para as **médias**, deixar **uma casa decimal a mais** que os dados originais (exceto quando se tratar de valor monetário).

Como no exemplo acima os dados originais são números inteiros, a média deverá ficar com uma casa decimal.

---

2) Calcular a média aritmética simples dos pesos dos 60 funcionários do exemplo de tabulamento dos dados:

39 43 45 50 50 53 54 55 58 59 61 61 63 63 63 64 66
68 68 68 68 68 70 71 72 72 73 73 73 74 75 75 75 75
75 76 77 77 78 78 78 79 80 81 81 82 82 82 83 84 84
84 86 88 90 91 95 96 99 106

Solução: $M = \frac{\Sigma x}{n} \Rightarrow M = \frac{4357}{60} = 72,6166... \Rightarrow \boxed{M = 72,6 \text{ kg}}$

3.1.2 Média aritmética ponderada

A **média aritmética ponderada** é dada por: $\boxed{M = \frac{\Sigma fX}{\Sigma f}}$ ou $\boxed{M = \frac{\Sigma fX}{N}}$

onde,

Σ = símbolo do somatório (indica a soma dos produtos de f por X)

f = frequência da ocorrência de cada medida de X

X = valor de cada medida verificada

$\sum f = N$ = soma das frequências (total de medidas ou observações)

Exemplo: Determinada empresa possui três categorias de salários em seu quadro de 120 empregados, sendo que 30 deles recebem R$ 1000,00 cada um, 50 recebem R$ 1300,00 cada um e 40 recebem R$ 1700,00 cada um. Determinar o salário médio de todos esses empregados.

Solução:

Categoria	Empregados (f)	Salários (X)	f·X	
A	30	1000,00	30000,00	← (total pago para a Categoria A)
B	50	1300,00	65000,00	← (total pago para a Categoria B)
C	40	1700,00	68000,00	← (total pago para a Categoria C)

$\sum f = N = 120$ (total de empregados) $\sum fX = 163000{,}00$ (total pago a todos os 120 empregados)

$$M = \frac{\sum fX}{N} = \frac{30 \cdot 1000{,}00 + 50 \cdot 1300{,}00 + 40 \cdot 1700{,}00}{30 + 50 + 40}$$

$$M = \frac{\sum fX}{N} = \frac{30000{,}00 + 65000{,}00 + 68000{,}00}{120} = \frac{163000{,}00}{120} = 1358{,}333\ldots \Rightarrow$$

$\boxed{M = 1358{,}33}$, portanto, essa empresa paga um salário médio de R$ 1358,33 por empregado (ou seja, em média, cada empregado corresponde a um salário de R$ 1358,33 na folha de pagamento dessa empresa).

3.1.3 Média aritmética para dados tabulados

A **média aritmética para dados tabulados** (isto é, para tabelas de frequências) é dada por: $\boxed{M = \dfrac{\sum fx}{N}}$

onde,

$\sum$ = símbolo do somatório (indica a soma dos produtos de f por x)

f = frequências absolutas das classes

x = **pontos médios das classes** (isto é, média aritmética dos limites inferior e superior de cada classe)

N = número total de medidas (ou observações)

Exemplo: Para a tabela de frequências abaixo, dos pesos dos 60 funcionários do exemplo de tabulamento dos dados, calcular a média aritmética:

L			f	Pontos médios das classes x	Multiplicar f por x $f \cdot x$
37	⊢	46	3	(37 + 46)/2 = **41,5**	3 • 41,5 = **124,5**
46	⊢	55	4	(46 + 55)/2 = **50,5**	4 • 50,5 = **202,0**
55	⊢	64	8	(55 + 64)/2 = **59,5**	8 • 59,5 = **476,0**
64	⊢	73	11	(64 + 73)/2 = **68,5**	11 • 68,5 = **753,5**
73	⊢	82	19	(73 + 82)/2 = **77,5**	19 • 77,5 = **1472,5**
82	⊢	91	10	(82 + 91)/2 = **86,5**	10 • 86,5 = **865,0**
91	⊢	100	4	(91 + 100)/2 = **95,5**	4 • 95,5 = **382,0**
100	⊢	109	1	(100 + 109)/2 = **104,5**	1 • 104,5 = **104,5**
			N = 60		$\sum fx$ = 4380,0

$$M = \frac{\sum fx}{N} = \frac{4380,0}{60} \Rightarrow \boxed{M = 73,0 \text{ kg}}$$

Exercícios

1) Um engenheiro ambiental registrou, durante 7 meses consecutivos, as seguintes quantidades máximas de chuva, em mm, em determinada região: 63,2; 49,6; 72,9; 87,3; 58,0; 58,3 e 75,1. Calcular a média aritmética simples dessas quantidades.

2) Um engenheiro de computação registrou os seguintes tempos, em segundos, para carga de um aplicativo, num sistema compartilhado, em 70 observações. Calcular a média aritmética simples desses tempos.

```
53  55  58  60  60  62  65  66  68  68  68  69  70  70  72  73
73  75  76  76  76  78  78  78  78  79  80  80  80  80  80  80
80  81  81  83  83  84  84  84  85  85  86  86  86  88  90  93
93  95  95  97  98  98  100 106 106 107 109 109 112 115 116 116
118 120 121 121 124 126
```

3) Um engenheiro de produção anotou as quantidades de peças produzidas, por operário, num certo período e o respectivo número de operários que produziram cada uma dessas quantidades. Calcular a quantidade média de peças produzidas, por operário, nesse período.

Operários	Peças	
5	21	
2	22	
7	25	
2	28	
4	30	

4) Uma arquiteta participou de um concurso público no qual a prova foi subdividida em três partes (A, B e C), cujos pesos e respectivas notas obtidas nas partes dessa prova estão anotados na tabela abaixo. Calcular a média obtida por essa arquiteta nesse concurso.

Partes	Pesos	Notas	
A	3	68	
B	2	37	
C	5	83	

5) Um engenheiro civil selecionou uma certa amostra de traços de concreto para verificar os tempos, em horas, necessários para a secagem completa (cura) dos mesmos. A tabela de frequências abaixo apresenta esses tempos e as respectivas quantidades de traços de concreto. Calcular a média aritmética desses tempos.

L	f
145 ⊢ 155	6
155 ⊢ 165	11
165 ⊢ 175	36
175 ⊢ 185	30
185 ⊢ 195	19
195 ⊢ 205	4

6) Uma engenheira agrícola anotou na tabela de frequências abaixo, as quantidades de determinado tipo de fruta, colhidas em cada pé, correspondente a uma amostra aleatória de novas mudas que foram substituídas em determinada plantação, após a última colheita realizada. Calcular a média de frutas colhidas, por pé, dessas novas mudas.

L	f
16 ⊢ 21	14
21 ⊢ 26	7
26 ⊢ 31	8
31 ⊢ 36	19
36 ⊢ 41	15
41 ⊢ 46	7
46 ⊢ 51	3
51 ⊢ 56	1
56 ⊢ 61	1

Respostas:

1) $M = \dfrac{464{,}4}{7} = 66{,}34$ min; 2) $M = \dfrac{6045}{70} = 86{,}4$ s; 3) $M = \dfrac{500}{20} = 25{,}0$ peças/operário;

4) $M = \dfrac{693}{10} = 69{,}3$ pontos; 5) $M = \dfrac{18590}{106} = 175{,}4$ h; 6) $M = \dfrac{2427{,}5}{75} = 32{,}4$ frutas/pé.

3.2 Mediana

A **mediana** (símbolo: M_d) é uma medida que se localiza no centro da distribuição. Os dados da distribuição devem estar sempre em **ordem crescente ou decrescente**.

3.2.1 Mediana para dados não tabulados

A **posição** da mediana em uma distribuição é dada por: $\dfrac{n+1}{2}$

Temos **dois casos**:

1º caso: **Quantidade ÍMPAR de valores:** a mediana se localiza exatamente no meio da distribuição.

Exemplos

1) Determinar a mediana das seguintes temperaturas diárias, em graus Celsius, registradas em determinada localidade: 18, 20, 20, 21, 24, $\boxed{26}$, 29, 29, 29, 30 e 33.

Solução: Como a **posição** da mediana nessa distribuição é: $\dfrac{n+1}{2} = \dfrac{11+1}{2} = 6$, então a mediana é o 6º valor dessa distribuição, e que corresponde a $\boxed{M_d = 26°C}$.

2) Determinar a mediana das seguintes quantidades de peças produzidas em certo dia, por um grupo de 9 operários: 57, 48, 33, 86, 39, 75, 29, 44 e 49.

Solução: Ordenando essas quantidades, obtemos: 29, 33, 39, 44, $\boxed{48}$, 49, 57, 75, 86.

Como a **posição** da mediana nessa distribuição é: $\dfrac{n+1}{2} = \dfrac{9+1}{2} = 5$, então a mediana é o 5º valor dessa distribuição, e que corresponde a $\boxed{M_d = 48}$, ou seja, a mediana dessas produções é igual a 48 peças.

3) Determinar a mediana das idades, em anos, de um grupo de funcionários de uma empresa:

20	23	25	27	27	28	28	28	30	31	31	32	32	32	33
34	35	36	36	36	36	37	37	37	38	38	38	**39**	40	40
41	41	41	41	41	41	42	43	45	45	45	46	48	48	48
48	49	49	50	52	52	54	55	56	60					

Solução: Como a **posição** da mediana nessa distribuição é: $\dfrac{n+1}{2} = \dfrac{55+1}{2} = 28$, então a mediana é o 28º valor dessa distribuição, e que corresponde a $M_d = 39$ anos.

2º caso: Quantidade PAR de valores: neste caso, consideramos um **valor intermediário** aos dois valores centrais.

Exemplos

1) Determinar a mediana das seguintes idades: 28, 35, 38, 40, **42**, **43**, 46, 50, 50 e 58.

Solução: Como a **posição** da mediana nessa distribuição é: $\dfrac{n+1}{2} = \dfrac{10+1}{2} = 5,5$, então a mediana está entre o 5º valor (que é o 42) e o 6º valor (que é o 43), ou seja, a mediana é $M_d = 42,5$ (é a **média aritmética desses dois valores**). Portanto, a idade mediana é 42,5 anos.

2) Calcular a mediana dos pesos dos 60 funcionários do exemplo de tabulamento dos dados:

39	43	45	50	50	53	54	55	58	59	61	61	63	63	63	64	66
68	68	68	68	68	68	70	71	72	72	73	73	73	**74**	**75**	75	75	75
75	76	77	77	78	78	78	79	80	81	81	82	82	82	83	84	84
84	86	88	90	91	95	96	99	106								

Solução: Como a **posição** da mediana nessa distribuição é: $\dfrac{n+1}{2} = \dfrac{60+1}{2} = 30,5$, então a mediana está entre o 30º valor (que é o **74**) e o 31º valor (que é o **75**), logo a mediana é: $M_d = 74,5$ kg.

Exercícios

Determinar a **mediana** das seguintes medidas:

1) Pesos, em kg, de um grupo de 15 alunos do curso de engenharia, aleatoriamente escolhidos: 47, 48, 48, 52, 55, 55, 55, 58, 59, 62, 62, 65, 69, 76 e 84.

2) Temperatura máxima, em graus Celsius, registrada em 12 dias aleatoriamente escolhidos, durante o verão do ano anterior, em determinada localidade: 21, 23, 23, 23, 25, 27, 28, 28, 28, 30, 33 e 35.

3) Número diário de clientes atendidos em uma empresa, durante 9 dias consecutivos: 26, 15, 37, 12, 45, 34, 52, 29 e 18.

4) Consumo de energia elétrica, em kWh, de 63 residências (1º exercício de tabulamento dos dados):

60	62	65	65	66	68	70	70	72	73	74	74	74	75	76	77	77	77
80	80	81	81	81	81	83	85	86	86	86	87	87	88	89	89	89	89
89	90	90	91	91	91	91	91	93	93	95	96	96	98	98	100	101	101
102	103	103	105	107	108	110	111	113									

5) Nível de ruído, em decibéis, para uma amostra de 70 aparelhos (2º exercício de tabulamento dos dados):

53	55	58	60	60	62	65	66	68	68	68	69	70	70	72	73
73	75	76	76	76	78	78	78	78	79	80	80	80	80	80	80
80	81	81	83	83	84	84	84	85	85	86	86	86	88	90	93
93	95	95	97	98	98	100	106	106	107	109	109	112	115	116	116
118	120	121	121	124	126										

6) Quantidade de informações perdidas em 52 testes de um novo sistema (5º exercício de tabulamento dos dados):

45	150	100	125	75	150	55	50	125	75	150	45	50	95	30	80
50	75	60	75	165	50	55	100	70	80	47	90	100	125	170	130
150	50	75	130	125	95	65	15	120	50	60	130	100	65	75	47
100	60	80	70												

Respostas:

1) $M_d = 58$ kg;   2) $M_d = 27,5°C$;   3) $M_d = 29$ clientes/dia;   4) $M_d = 88$ kWh;
5) $M_d = 82$ decibéis;   6) $M_d = 75$ informações perdidas.

3.2.2 Mediana para dados tabulados

A mediana para dados tabulados é dada por: $$M_d = l_{inf} + i \cdot \left(\frac{\frac{N}{2} - F_{ant}}{f_{med}} \right)$$

onde, $\frac{N}{2}$ (lembre-se de que a mediana se localiza no **meio** de uma distribuição, isto é, considera a **metade dos dados** da distribuição para o seu cálculo)

i é o intervalo de classe

l_{inf} é o limite inferior da classe da mediana

f_{med} é a frequência absoluta da classe da mediana

F_{ant} é a frequência acumulada da classe anterior a da mediana

Exemplo: A tabela de frequências abaixo apresenta os pesos, em kg, de um grupo de 50 pessoas. Determinar o **peso mediano** desse grupo de pessoas.

L			f
40	⊢	50	1
50	⊢	60	3
60	⊢	70	5
70	⊢	80	20
80	⊢	90	11
90	⊢	100	8
100	⊢	110	2
			N = 50

Solução: O método clássico para se encontrar a mediana é dado pelo seguinte esquema:

```
        freq. acumulada até 70 kg: 9 pessoas
   1      3      5   ⊢—— 20 pessoas (correspondem a 10 kg)——⊣  11     8     2
├──────┼──────┼──────┼++++++++++++++++++++++++++++++┼──────┼──────┤
40 kg  50     60    70 kg        M_d = 70 + x kg         80 kg  90    100   110 kg
                         ├──── 16 pessoas ────┤
       ├──────── 25 pessoas (metade) ────────┤
```

Pela Regra de Três Simples, temos:
$$\begin{array}{rcl} 20 \text{ pessoas} & — & 10 \text{ kg} \\ 16 \text{ pessoas} & — & x \text{ kg} \end{array} \Rightarrow x = \frac{10 \cdot 16}{20} = \boxed{8 \text{ kg}}$$

Portanto, o peso mediano desse grupo de pessoas é: $M_d = 70 + 8,0 \Rightarrow \boxed{M_d = 78,0 \text{ kg}}$

Um **modo prático** para se calcular a mediana é dado como segue:

1º passo: Determinar a coluna das frequências acumuladas F.

2º passo: Calcular $\frac{N}{2}$ (que é a metade dos dados), isto é, $\frac{N}{2} = \frac{50}{2} \Rightarrow \boxed{\frac{N}{2} = 25}$

3º passo (é o mais importante): Encontrar a classe da mediana. Basta percorrer a **coluna F** (das frequências acumuladas), a partir da primeira linha, até encontrar o primeiro valor nessa coluna que seja maior ou igual a $\frac{N}{2} = 25$, que é o 29, e que se encontra na 4ª linha, isto é, a mediana se localiza na 4ª classe, ou seja, o peso mediano procurado está compreendido entre 70 e 80 kg.

4º passo: Assinalar na tabela de frequências os valores de: l_{inf}, f_{med} e F_{ant}.

L			f		F	
40	⊢	50	1		1	
50	⊢	60	3		4	
60	⊢	70	5	$F_{ant}=$	9	
$l_{inf}=$ 70	⊢	80	$f_{med}=$ 20		29	← **(linha da classe da mediana)**
80	⊢	90	11		40	
90	⊢	100	8		48	
100	⊢	110	2		50	
			N = 50			

5º passo: Encontrar o valor de *i* (intervalo de classe), que é $i = 10$

6º passo (último): Substituir os valores encontrados na fórmula da mediana e calcular o seu valor.

$$M_d = l_{inf} + i \cdot \left(\frac{\frac{N}{2} - F_{ant}}{f_{med}} \right) \Rightarrow M_d = 70 + 10 \cdot \left(\frac{\frac{50}{2} - 9}{20} \right) \Rightarrow 70 + 10 \cdot \frac{16}{20} = 70 + \frac{160}{20} =$$

$$= 70 + 8{,}0 \Rightarrow \boxed{M_d = 78{,}0 \text{ kg}}$$

Exercícios

1) Calcular a mediana para a seguinte tabela de frequências (pesos dos 60 funcionários do exemplo de tabulamento dos dados):

L		f
37 ⊢ 46		3
46 ⊢ 55		4
55 ⊢ 64		8
64 ⊢ 73		11
73 ⊢ 82		19
82 ⊢ 91		10
91 ⊢ 100		4
100 ⊢ 109		1
		$N = 60$

Solução:

2) Calcular a mediana para a seguinte tabela de frequências, referente às idades de um grupo de operários:

L		f
19 ⊢ 25		2
25 ⊢ 31		7
31 ⊢ 37		12
37 ⊢ 43		16
43 ⊢ 49		6
49 ⊢ 55		8
55 ⊢ 61		4

Solução:

3) Calcular a mediana para a tabela de frequências abaixo, correspondente aos tempos, em meses, da vida útil dos monitores de computadores de determinada marca e modelo.

L	f
38 ⊢ 45	1
45 ⊢ 52	4
52 ⊢ 59	12
59 ⊢ 66	22
66 ⊢ 73	17
73 ⊢ 80	15
80 ⊢ 87	6
87 ⊢ 94	3

Solução:

Respostas:

1) $M_d = 73 + 9 \cdot \left(\dfrac{\dfrac{60}{2} - 26}{19} \right) = 74{,}9$ kg;

2) $M_d = 37 + 6 \cdot \left(\dfrac{\dfrac{55}{2} - 21}{16} \right) = 39{,}4$ anos;

3) $M_d = 66 + 7 \cdot \left(\dfrac{\dfrac{80}{2} - 39}{17} \right) = 66{,}4$ meses.

3.3 Moda

3.3.1 Moda para dados não tabulados

A **moda** (símbolo: M_o) de um conjunto de valores (**moda para dados não tabulados**) é o **valor que mais se repete**. A moda pode não existir e, mesmo que exista, pode não ser única.

Exemplos: Determinar a moda para cada um dos seguintes conjuntos de números:

1) 3, 3, 6, 7, <u>11, 11, 11</u>, 13, 14, 14, 17, 20 → **Resposta:** $M_o = 11$ (*unimodal*)

2) 6, 7, 11, 14, 15, 18, 19 → **Resposta:** Não tem moda (*amodal*)

3) 9, 9, 9, 12, 12, 12, 14, 14, 14, 17, 17, 17, 22, 22, 22 → **Resposta:** Não tem moda (*amodal*)

4) 5, 6, <u>8, 8, 8</u>, 10, 10, <u>11, 11, 11</u>, 15 → **Resposta:** $M_o = 8$ e 11 (*bimodal*)

5) Número diário de peças defeituosas produzidas por certa máquina (4º exercício de tabulamento dos dados):

40 44 47 48 50 53 53 56 58 59 61 61 63 63 63 64 64 65 66
67 68 69 69 <u>71 71 71 71 71</u> 72 72 73 73 <u>74 74 74 74 74</u> 75
75 75 76 <u>77 77 77 77 77</u> 78 78 80 81 82 86 88 89 91 95 99
102 107 112

Resposta: $M_o = 71$, 74 e 77 (*trimodal*, ou *multimodal*, ou *plurimodal*)

Exercícios

Determinar a moda para os seguintes valores:

1) 20, 22, 22, 25, 25, 25, 26, 28, 28, 30, 30, 30, 33, 34, 34 e 36

2) 35, 26, 17, 41, 26, 17, 30, 52, 35, 28, 26, 23 e 31

3) 19, 27, 38, 44, 12, 29, 37, 28, 30, 17 e 22

4) Para as idades, em anos, de um grupo de 75 funcionários de uma empresa:

18	18	18	18	19	19	19	20	20	20	21	21	21	21	22	22
23	24	25	25	26	28	29	30	30	30	30	32	33	35	36	36
36	36	37	37	37	37	37	37	37	37	38	38	39	39	39	39
40	40	42	42	42	42	42	43	43	43	44	45	45	45	45	46
46	48	49	50	50	50	53	56	57	60	68					

Respostas:

1) M_o = 25 e 30 (bimodal); 2) M_o = 26 (unimodal); 3) Não tem moda;
4) M_o = 37 anos (unimodal).

3.3.2 Moda para dados tabulados

Vimos que, quando os dados não estão tabulados, isto é, não estão agrupados, é fácil identificar se a distribuição não tem moda, ou se tem um ou mais valores para representar a moda dessa distribuição, mas, após o agrupamento dos dados (tabulamento), obtemos uma tabela de frequências, na qual os dados perdem a sua individualidade, ou seja, não conseguimos identificar quais os reais valores que temos nessa tabela, e muito menos a quantidade de cada um. Dessa forma, recorremos, então, a uma *estimativa da moda*, que, dentre elas, destacamos:

1ª estimativa: Moda de PEARSON (Karl Pearson: 1857-1936)

É dada pela seguinte relação empírica: $\boxed{M_o = 3 \cdot M_d - 2 \cdot M}$
onde, M_d = mediana e M = média aritmética

Exemplo: Determinar a **moda de Pearson** para a seguinte tabela de frequências (pesos dos 60 funcionários do exemplo de tabulamento dos dados):

L (pesos)	f (funcion.)
37 ⊢ 46	3
46 ⊢ 55	4
55 ⊢ 64	8
64 ⊢ 73	11
73 ⊢ 82	19
82 ⊢ 91	10
91 ⊢ 100	4
100 ⊢ 109	1
	N = 60

Solução: Conforme calculado *anteriormente* para essa mesma tabela, a **média aritmética** encontrada foi $M = 73{,}0$ kg (exemplo resolvido na p. 34) e a **mediana** $M_d = 74{,}9$ kg (exercício 1 proposto na p. 45). Desses dois valores, temos: $M_o = 3 \cdot 74{,}9 - 2 \cdot 73{,}0 = 224{,}7 - 146{,}0$, portanto, a **moda de Pearson** é: $\boxed{M_o = 78{,}7 \text{ kg}}$.

2ª estimativa: Moda de CZUBER (Emanuel Czuber: 1851-1925)

A fórmula para encontrar a moda para dados tabulados pela 2ª estimativa é:

$$\boxed{M_o = l_{inf} + i \cdot \left(\frac{\Delta_1}{\Delta_1 + \Delta_2} \right)}$$

onde,

l_{inf} = limite inferior da **classe modal** (isto é, limite inferior da classe de maior frequência absoluta)

i = intervalo de classe

Δ_1 = diferença entre as frequências absolutas da classe modal e da anterior

Δ_2 = diferença entre as frequências absolutas da classe modal e da posterior

Exemplo: Determinar a **moda de Czuber** para a mesma tabela de frequências do exemplo anterior:

	L		f	
	37 ├──	46	3	
	46 ├──	55	4	
	55 ├──	64	8	
	64 ├──	73	11	$\Delta_1 = 19 - 11 = 8$
l_{inf} =	73 ├──	82	19	
	82 ├──	91	10	$\Delta_2 = 19 - 10 = 9$
	91 ├──	100	4	
	100 ├──	109	1	
			N = 60	

$$M_o = l_{inf} + i \cdot \left(\frac{\Delta_1}{\Delta_1 + \Delta_2}\right) = 73 + 9 \cdot \left(\frac{8}{8+9}\right) = 73 + 4,2 = 77,2, \text{ portanto } \boxed{M_o = 77,2 \text{ kg}}$$

Exercícios

1) A tabela de frequências a seguir apresenta o número de *e-mails* diários recebidos em um departamento:

L		f
35 ⊢	47	3
47 ⊢	59	9
59 ⊢	71	15
71 ⊢	83	22
83 ⊢	95	27
95 ⊢	107	43
107 ⊢	119	28
119 ⊢	131	11

Calcular:

a) Média aritmética

b) Mediana

c) Moda de Pearson

d) Moda de Czuber

2) A tabela de frequências abaixo apresenta os dados correspondentes aos tempos, em meses, de vida útil de uma amostra de bombas de combustível de automóveis de determinada marca e modelo:

L		f
30 ⊢	37	4
37 ⊢	44	7
44 ⊢	51	9
51 ⊢	58	19
58 ⊢	65	34
65 ⊢	72	23
72 ⊢	79	14
79 ⊢	86	5

Calcular:

a) Média aritmética

b) Mediana

c) Moda de Pearson

d) Moda de Czuber

Respostas:

1) a) M = 92,1 e-mails; b) M_d = 95,8 e-mails; c) M_o = 103,2 e-mails; d) M_o = 101,2 e-mails;

2) a) M = 61,0 meses; b) M_d = 61,8 meses; c) M_o = 63,4 meses; d) M_o = 62,0 meses.

3.4 Análise das medidas de tendência central

A média, mediana e moda pretendem representar todos os dados de uma distribuição e tendem colocar-se no centro dessa distribuição, mas são conceitualmente muito distintas: a **média é uma medida de congregação**, a **mediana é de separação** e a **moda é de repetição**. Então, convém calcular todas em qualquer distribuição e depois indicar qual das três representa melhor o grupo, mas para isso precisamos criticá-las.

Padrão para a crítica

Uma medida de tendência central deve satisfazer às seguintes condições:

1ª) ser concreta;
2ª) ser objetiva;
3ª) de fácil compreensão;
4ª) dependente de todos os dados;
5ª) independente de dados inconvenientes;
6ª) ser estável nas amostras;
7ª) com possibilidade de análise.

Como essas três medidas se comportam ante o padrão acima?

> **Resposta:**
>
> - A média satisfaz a todos os padrões acima, menos a 5ª condição, mas não por deficiência sua e sim da amostra.
> - A mediana não satisfaz a 4ª condição e é deficiente na 6ª e na 7ª condições.
> - A moda não satisfaz a 4ª e nem a 7ª condição, e é deficiente na 2ª e na 6ª condições.

3.5 Separatrizes: quartis, decis e percentis

Separatriz (ou quantil) é a medida de posição que **divide uma distribuição em partes iguais**, sendo que os dados dessa distribuição devem estar ordenados (ordem crescente).

Das medidas de posição, destacamos as seguintes **separatrizes**:

(1) a **mediana** (já estudada), que divide uma distribuição em **duas partes iguais**, cada uma com 50% dos dados, como mostra o diagrama abaixo:

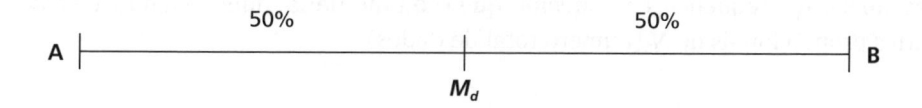

```
         50%              50%
A |---------------|---------------| B
                 M_d
```

(2) os **3 quartis**, que dividem uma distribuição em **quatro partes iguais**, cada uma com 25% dos dados:

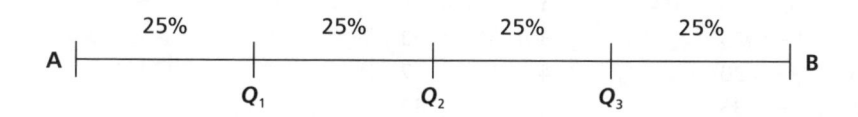

```
      25%     25%     25%     25%
A |-------|-------|-------|-------| B
         Q_1     Q_2     Q_3
```

(3) os **9 decis**, que dividem uma distribuição em **dez partes iguais**, cada uma com 10% dos dados:

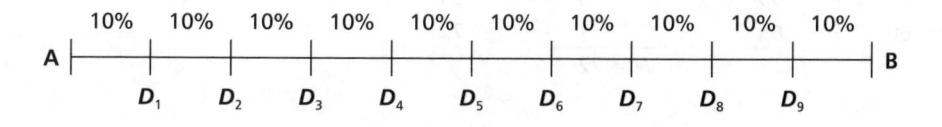

```
   10% 10% 10% 10% 10% 10% 10% 10% 10% 10%
A |---|---|---|---|---|---|---|---|---|---| B
    D_1 D_2 D_3 D_4 D_5 D_6 D_7 D_8 D_9
```

(4) e os **99 centis ou percentis,** que dividem uma distribuição em **cem partes iguais,** cada uma com 1% dos dados:

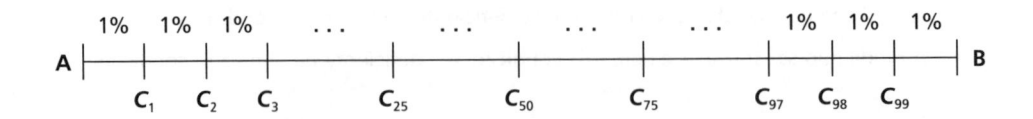

```
        1%   1%   1%    ...        ...        ...        ...    1%   1%   1%
    A ├────┼────┼────────┼──────────┼──────────┼──────────┼────┼────┼────┤ B
        C₁   C₂   C₃      C₂₅        C₅₀        C₇₅        C₉₇  C₉₈  C₉₉
```

Note que: a) $M_d = Q_2 = D_5 = C_{50}$ (correspondem a 50% dos dados);

b) $Q_1 = C_{25}$ (correspondem a 25% dos dados);

c) $Q_3 = C_{75}$ (correspondem a 75% dos dados).

3.6 Separatrizes para dados tabulados

O processo para se calcular os 3 quartis, os 9 decis e os 99 centis (ou percentis) nas tabelas de frequências é o **mesmo que o da mediana**, diferenciando apenas nas partes proporcionais de N (número total de dados).

Exemplo: A tabela de frequências abaixo apresenta o nível máximo de ruído, em decibéis, medido por um engenheiro eletricista, ocasionado por uma amostra de 72 geradores de energia elétrica de baixa potência, medidos durante certo período de tempo:

L		f	F	
20 ├── 25		3	3	
25 ├── 30		4	7	
30 ├── 35		6	13	
35 ├── 40		14	27	
40 ├── 45		**20**	47	← linha da classe da mediana
45 ├── 50		12	59	
50 ├── 55		8	67	
55 ├── 60		4	71	
60 ├── 65		1	72	
		$N = 72$		

Determinar:

1) Mediana (M_d):

$$M_d = l_{inf} + i \cdot \left(\frac{\frac{N}{2} - F_{ant}}{f_{med}} \right) \Rightarrow M_d = 40 + 5 \cdot \left(\frac{\frac{72}{2} - 27}{20} \right) =$$

$$= 40 + 5 \cdot \left(\frac{36 - 27}{20} \right) = 40 + 5 \cdot \frac{9}{20} = 40 + \frac{45}{20} = 40 + 2{,}2 \Rightarrow M_d = 42{,}2 \text{ decibéis}$$

2) 1º quartil (Q_1):

$$Q_1 = 35 + 5 \cdot \left(\frac{\frac{1}{4} \cdot 72 - 13}{14} \right) = 35 + 5 \cdot \frac{18 - 13}{14} = 35 + 5 \cdot \frac{5}{14} = 35 + \frac{25}{14} = 35 + 1{,}79 \Rightarrow Q_1 = 36{,}79$$

Interpretação do resultado do 1º quartil: 25% dos aparelhos apresentaram um ruído correspondente a 36,79 decibéis ou menos.

3) 3º quartil (Q_3):

$$Q_3 = 45 + 5 \cdot \left(\frac{\frac{3}{4} \cdot 72 - 47}{12} \right) = 45 + 5 \cdot \frac{54 - 47}{12} = 45 + 2{,}92 \Rightarrow Q_3 = 47{,}92$$

4) 2º decil (D_2):

$$D_2 = 35 + 5 \cdot \left(\frac{\frac{2}{10} \cdot 72 - 13}{14} \right) = 35 + 5 \cdot \frac{14{,}4 - 13}{14} = 35 + 0{,}50 \Rightarrow D_2 = 35{,}50$$

5) 9º decil (D_9):

$$D_9 = 50 + 5 \cdot \left(\frac{\frac{9}{10} \cdot 72 - 59}{8} \right) = 50 + 5 \cdot \frac{64{,}8 - 59}{8} = 50 + 3{,}625 \Rightarrow D_9 = 53{,}62$$

6) 59º centil (C_{59}):

$$C_{59} = 40 + 5 \cdot \left(\frac{\frac{59}{100} \cdot 72 - 27}{20} \right) = 40 + 5 \cdot \frac{42,48 - 27}{20} = 40 + 3,87 \Rightarrow C_{59} = 43,87$$

7) 4º centil (C_4):

$$C_4 = 20 + 5 \cdot \left(\frac{\frac{4}{100} \cdot 72 - 0}{3} \right) = 20 + 5 \cdot \frac{2,88}{3} = 20 + 4,80 \Rightarrow C_4 = 24,80$$

Exercícios

1) A tabela de frequências abaixo apresenta um levantamento feito por um engenheiro ambiental, referente aos comprimentos, em cm, de uma amostra aleatória de determinado tipo de peixe pescado em certo rio, durante o período permitido para pesca amadora:

L		f
62 ├── 68		5
68 ├── 74		13
74 ├── 80		21
80 ├── 86		50
86 ├── 92		67
92 ├── 98		41
98 ├── 104		28
104 ├── 110		10

Determinar:

a) Mediana

b) 1º quartil

c) 3º quartil

d) 1º decil

e) 4º decil

f) 9º decil

g) 12º centil

h) 83º centil

i) 94º centil

j) 2º centil

Respostas:

a) $M_d = 88{,}6$ cm; b) $Q_1 = 82{,}37$ cm; c) $Q_3 = 94{,}96$ cm; d) $D_1 = 75{,}57$ cm; e) $D_4 = 86{,}45$ cm; f) $D_9 = 101{,}11$ cm; g) $C_{12} = 76{,}91$ cm; h) $C_{83} = 97{,}71$ cm; i) $C_{94} = 103{,}12$ cm; j) $C_2 = 67{,}64$ cm.

2) A tabela de frequências abaixo apresenta os pesos, em kg, de um grupo de funcionários:

L			f
39	⊢	46	5
46	⊢	53	11
53	⊢	60	23
60	⊢	67	47
67	⊢	74	34
74	⊢	81	18
81	⊢	88	14
88	⊢	95	8

Determinar:

a) Mediana

b) 1º quartil

c) 3º quartil

d) 2º decil

e) 8º decil

f) 10º centil

g) 21º centil

h) 92º centil

Respostas:

a) M_d = 66,1 kg;   b) Q_1 = 60,15 kg;   c) Q_3 = 74,00 kg;   d) D_2 = 57,87 kg;   e) D_8 = 77,11 kg;
f) C_{10} = 53,00 kg;   g) C_{21} = 58,36 kg;   h) C_{92} = 85,60 kg.

4

Medidas de dispersão ou variabilidade

Introdução

Observe as **três situações** seguintes:

1ª) Notas de três alunos obtidas em cinco provas:
Aluno A: 50, 50, 50, 50 e 50
Aluno B: 45, 20, 75, 70 e 40
Aluno C: 75, 0, 15, 100 e 60

A média das notas de cada um desses três alunos é igual a 50 pontos, mas nem por isso eles se parecem: enquanto o aluno A é muito constante, e também um aluno regular no seu desempenho, o aluno C é muito diferente, pois consegue dominar completamente determinado conteúdo e desconhecer totalmente um outro assunto, e o aluno B tem um desempenho e conhecimento intermediários aos outros dois.

2ª) Produção diária de peças de três operários durante cinco dias:
Operário A: 60, 60, 60, 60 e 60
Operário B: 55, 30, 85, 80 e 50
Operário C: 85, 0, 20, 120 e 75

A produção média diária de cada um desses três operários é igual a 60 peças, mas, como na situação anterior, esses operários não se parecem nem um pouco: enquanto o operário A é muito constante no seu desempenho, o operário C é totalmente imprevisível, pois em certo dia não apresenta nenhuma produção e num outro dia qualquer consegue produzir o dobro da média; e o operário B é um intermediário aos outros dois.

3ª) **Empacotamento de cinco caixas de bolachas (em gramas) embaladas por três máquinas:**

Máquina A: 500, 500, 500, 500 e 500
Máquina B: 520, 480, 470, 540 e 490
Máquina C: 400, 530, 600, 420 e 550

A quantidade média de bolachas colocadas nessas caixas é igual para todas as máquinas, porém a variabilidade nas quantidades empacotadas por elas é bem diferente.

Analisando essas três situações, percebemos, claramente, que, somente a média (ou mesmo a mediana, ou a moda), é insuficiente para nos dizer algo a respeito das variações observadas em cada uma dessas situações.

Precisamos, então, de uma **nova medida** que possa avaliar essas diferenças: trata-se das **medidas de dispersão ou variabilidade** que, dentre elas, destacamos: **amplitude total, intervalo semi-interquartil, desvio-médio e desvio-padrão.**

4.1 Amplitude total

Amplitude (ou intervalo) total: é a diferença entre os valores extremos de uma distribuição. Para dados tabulados (isto é, para tabelas de frequências), é a diferença entre o maior limite superior e o menor limite inferior.

4.2 Intervalo semi-interquartil (ou desvio quartílico)

Intervalo semi-interquartil: é dado por: $\boxed{I_S = \dfrac{Q_3 - Q_1}{2}}$

Obs.: Esta medida seria melhor que a amplitude total, pois não depende das medidas dos extremos, porém possui dois defeitos: **(a)** não depende de todas as medidas (somente de duas); **(b)** despreza 50% dos dados.

4.3 Desvio-médio e desvio-padrão (para dados não tabulados)

4.3.1 Desvio-médio

É a média aritmética (simples) dos desvios absolutos das medidas (**d**) em relação à média aritmética (**M**) dessas medidas (**x**), isto é, $\boxed{D = \dfrac{\sum |d|}{n}}$

onde,

$\sum$ (é a letra grega *sigma* **maiúscula**) = símbolo do somatório

x = medidas

d = desvios ou afastamentos das medidas (x) em relação à média aritmética $M = \dfrac{\sum x}{n}$, isto é, $\boxed{d = x - M}$

| | módulo ou valor absoluto

n = total de dados

Obs.: A ideia do desvio-médio é bem simples: mede a variação das medidas dos valores em relação à média aritmética dos mesmos, mas ocorre que o total dessas variações (desvios ou afastamentos), isto é, a soma dessas variações, é nula, devido aos sinais positivos (quando as medidas dos valores são superiores à média) e negativos (quando as medidas dos valores são inferiores à média), fato esse que, como alternativa, nos obriga a ignorar os sinais, isto é, calcular o módulo ou valor absoluto dessas variações (desvios); é uma solução viável, porém, matematicamente, não teremos como utilizar esse fato em fórmulas algébricas. Assim, preferimos o desvio-padrão, que é outra medida de variabilidade que apresenta propriedades matemáticas mais interessantes, que é o que veremos a seguir.

4.3.2 Desvio-padrão

É a média quadrática dos desvios das medidas em relação à média aritmética.

Intuitivamente, o desvio-padrão mede a variação entre valores, ou seja, mede a variabilidade da distribuição em relação à média. O desvio-padrão resolve o problema dos sinais dos desvios apresentados pelo desvio-médio, pois eleva ao quadrado cada um desses desvios, eliminando, então, o inconveniente dos sinais negativos.

O desvio-padrão é a medida de dispersão mais utilizada em Estatística, pois indica, de forma mais precisa, o **grau de dispersão dos dados em torno da média**.

Desvio-padrão populacional: $\boxed{\sigma = \sqrt{\dfrac{\sum d^2}{n}}}$ ou $\boxed{\sigma = \sqrt{\dfrac{\sum x^2}{n} - \left(\dfrac{\sum x}{n}\right)^2}}$ (são equivalentes)

σ (é a letra grega *sigma* **minúscula**) = símbolo do desvio-padrão populacional

Desvio-padrão amostral: $\boxed{s = \sqrt{\dfrac{\sum d^2}{n-1}}}$ ou $\boxed{s = \sqrt{\dfrac{n\sum x^2 - (\sum x)^2}{n(n-1)}}}$ (são equivalentes)

Observações:

1ª) Como o desvio-padrão **amostral** tende a ser **maior** que o desvio-padrão **populacional**, BESSEL (Friedrich Wilhelm Bessel: 1784-1846) introduziu no cálculo do desvio-padrão amostral o seguinte **fator de correção** na fórmula do desvio-padrão populacional: $\boxed{\sqrt{\dfrac{n}{n-1}}}$

2ª) Relação empírica entre o desvio-médio e o desvio-padrão: $\boxed{D = \dfrac{4}{5} s}$

4.3.3 Variância

A **variância** das medidas x é o **quadrado do desvio-padrão** dessas medidas.

Assim, a **variância populacional** é: $\boxed{Var = \sigma^2}$, e o **desvio-padrão populacional** é a raiz quadrada da variância populacional, ou seja, $\boxed{\sigma = \sqrt{Var}}$.

Analogamente, a **variância amostral** é: $\boxed{Var = s^2}$, e o **desvio-padrão amostral** é: $\boxed{s = \sqrt{Var}}$.

A variância tem grande aplicação quando estudamos as dispersões de duas distribuições, pois o desvio-padrão (que utiliza a raiz quadrada) não tem a propriedade aditiva, pois a soma de raízes quadradas não é a raiz quadrada da soma.

4.3.4 Cálculo do desvio-médio e do desvio-padrão

Exemplo: Uma amostra de 6 funcionários de uma empresa, aleatoriamente escolhidos, apresentou as seguintes idades, em anos: 29, 28, 39, 56, 44 e 53.

a) Calcular a **média aritmética** dessas idades.

Solução:

$n = 6$ $\begin{cases} x \\ 29 \\ 28 \\ 39 \\ 56 \\ 44 \\ 53 \\ \hline 249 \end{cases}$

LEMBRETE:

Regra do Arredondamento para a MÉDIA:

Deixar uma casa decimal a mais que os dados originais.

$$M = \frac{\Sigma x}{n} \Rightarrow M = \frac{249}{6} \Rightarrow \boxed{M = 41,5 \text{ anos}}$$

b) Calcular o **desvio-médio**.

Solução:

x	d = x − M	|d|
29	29 − 41,5 = −12,5	12,5
28	28 − 41,5 = −13,5	13,5
39	39 − 41,5 = − 2,5	2,5
56	56 − 41,5 = + 14,5	14,5
44	44 − 41,5 = + 2,5	2,5
53	53 − 41,5 = + 11,5	11,5
249	0	Σ|d| = 57,0

LEMBRETE:

Regra do Arredondamento para o DESVIO-MÉDIO:

Deixar **uma casa decimal a mais** que os dados originais.

$$D = \frac{\Sigma |d|}{n} \Rightarrow D = \frac{57,0}{6} \Rightarrow \boxed{D = 9,5 \text{ anos}}$$

c) Qual é a **interpretação** do valor encontrado na letra **(b)**?

Resposta: Espera-se que, em média, haja uma variação de 9,5 anos, para mais ou para menos, das idades desses funcionários em relação à média das idades dos mesmos.

d) Calcular o **desvio-padrão amostral**, pela **fórmula**: $\boxed{s = \sqrt{\dfrac{\Sigma d^2}{n-1}}}$.

Solução:

x	d	d²
29	−12,5	156,25
28	−13,5	182,25
39	−2,5	6,25
56	14,5	210,25
44	2,5	6,25
53	11,5	132,25
249	0,0	693,50

> **LEMBRETE:**
>
> Regra do Arredondamento para o DESVIO-PADRÃO:
>
> Deixar **uma casa decimal a mais no resultado final** em relação às que aparecem nos dados originais.

$$s = \sqrt{\frac{\sum d^2}{n-1}} \Rightarrow s = \sqrt{\frac{693,50}{6-1}} = \sqrt{138,70} \Rightarrow \boxed{s = 11,8 \text{ anos}}$$

e) Calcular a **variância amostral**.

Solução: A **variância** (amostral) é o quadrado do desvio-padrão (que é o radicando da raiz quadrada no cálculo do desvio-padrão amostral s), ou seja,

$$Var = s^2 \Rightarrow Var = \frac{\sum d^2}{n-1} = \frac{693,50}{6-1} \Rightarrow \boxed{Var = 138,70}.$$

Exercícios

1) Áreas plantadas de cana-de-açúcar, em milhões de hectares, em determinada região:

Ano	x	
2005	8,9	
2006	10,3	
2007	8,5	
2008	11,2	
2009	9,4	
2010	11,0	
2011	13,8	
2012	14,6	

a) Calcular a média aritmética.

b) Calcular o desvio-médio.

c) Interpretar o resultado encontrado em **(b)**.

d) Calcular o desvio-padrão amostral.

e) Calcular a variância amostral.

Respostas:

a) M = 10,96 milhões de hectares; **b)** D = 1,69 milhão de hectares; **c)** Em média, há uma variação anual de 1,69 milhão de hectares, para mais ou para menos, em relação à média aritmética das áreas plantadas de cana-de-açúcar; **d)** s = 2,22 milhões de hectares; **e)** Var = 4,9341.

2) Numa região de grande variação de energia elétrica, um engenheiro eletricista tomou 9 medidas aleatoriamente escolhidas, obtendo os seguintes valores, em Volts: 126, 104, 118, 97, 133, 122, 89, 127 e 112.

x
126
104
118
97
133
122
89
127
112

a) Calcular a média aritmética.

b) Calcular o desvio-médio.

c) Interpretar o resultado encontrado em **(b)**.

d) Calcular o desvio-padrão amostral.

e) Calcular a variância amostral.

Respostas:

a) $M = 114,2$ V;   b) $D = 12,2$ V;   c) Em média, há uma variação de 12,2 V, para mais ou para menos, em relação à média aritmética da voltagem de energia elétrica;   d) $s = 14,9$ V;
e) $Var = 221,44$ V².

4.3.5 Cálculo da média e do desvio-padrão nas calculadoras

Exemplo

Com o auxílio de uma **CALCULADORA** (científica ou financeira), determinar a **média aritmética** e o **desvio-padrão amostral** das seguintes idades, em anos, de uma amostra aleatoriamente escolhida de 6 funcionários de uma empresa (já calculados anteriormente pelas fórmulas): 29, 28, 39, 56, 44 e 53.

Solução: A sequência de teclas de alguns dos tipos de calculadoras mais utilizadas é a seguinte:

CASIO fx82MS (ou similar)		Calculadoras Científicas		HP 12C (financeira)	
DIGITAR:		DIGITAR:		DIGITAR:	
Mode		2ndF		f	
2		ON/C		CLX	
29		29		29	
M+		M+		Σ+	
28		28		28	
M+		M+		Σ+	
39		39		39	
M+		M+		Σ+	
56		56		56	
M+		M+		Σ+	
44		44		44	
M+		M+		Σ+	
53		53		53	
M+		M+		Σ+	
Para calcular a MÉDIA:	Shift	Para calcular a MÉDIA:	Digitar apenas:	Para calcular a MÉDIA:	g
	2				
	1		x̄		0
	=				
No visor:	41,5	No visor:	41,5	No visor:	41,5
Para achar o Desvio- -padrão (amostral)	Shift	Para achar o Desvio- -padrão (amostral)	Digitar apenas:	Para achar o Desvio- -padrão (amostral)	g
	2				
	3		s		· (ponto)
	=				
No visor:	11,777096...	No visor:	11,777096...	No visor:	11,777096...

Portanto, a **média aritmética** das idades desses funcionários é: $M = 41,5$ anos e o **desvio-padrão amostral** é: $s = 11,8$ anos.

Exercício

Dados os seguintes comprimentos, em cm, de 17 peças, aleatoriamente escolhidas por um engenheiro de produção, produzidas por certa máquina: 19,3; 19,0; 19,2; 18,4; 18,8; 18,9; 19,7; 18,3; 19,2; 19,4; 18,8; 19,0; 19,6; 18,9; 19,1; 19,5 e 18,9, calcular a **média aritmética simples** e o **desvio-padrão amostral** dessas medidas, com auxílio de uma **CALCULADORA**.

Respostas:

$M = 19,06$ cm e $s = 0,38$ cm.

4.3.6 Coeficiente de variação de Pearson

Trata-se de uma medida relativa de dispersão, a qual é utilizada para fazermos comparações das dispersões das distribuições e que **relaciona o desvio-padrão com a média aritmética** (isto é, o coeficiente de variação representa a porcentagem que é o desvio-padrão da média aritmética).

O coeficiente de variação **amostral** é dado por: $\boxed{C_V = \dfrac{s}{M} \cdot 100}$.

Regra empírica para interpretação do coeficiente de variação:

- Se $C_V < 15\%$ ⇒ há **baixa** dispersão
- Se $15\% \leq C_V \leq 30\%$ ⇒ há **média** dispersão
- Se $C_V > 30\%$ ⇒ há **elevada** dispersão

Obs.: Quanto **menor** for o valor do coeficiente de variação, **mais homogênea** será a distribuição.

Exemplo

Duas turmas A e B dos cursos de engenharia realizaram, simultaneamente, uma prova de Estatística, com notas de 0 a 10. A turma A obteve média 7,2 e desvio-padrão 1,7, e a turma B, média 5,8 e desvio-padrão 1,5. Qual dessas duas turmas apresentou maior dispersão nas notas da prova (isto é, maior dispersão no desempenho).

Solução:

O **coeficiente de variação das notas da turma A** é:

$$C_{VA} = \frac{s_A}{M_A} \cdot 100 = \frac{1,7}{7,2} \cdot 100 \Rightarrow \boxed{C_{VA} = 23,61\%}$$

e o **coeficiente de variação das notas da turma B** é:

$$C_{VB} = \frac{S_B}{M_B} \cdot 100 = \frac{1,5}{5,8} \cdot 100 \Rightarrow \boxed{C_{VB} = 25,86\%}$$

Embora as notas da turma B tenham apresentado menor variação absoluta (isto é, o desvio-padrão da turma B é menor que o da turma A), a sua variação relativa (coeficiente de variação) é maior que a da turma A.

Exercícios

1) Um engenheiro de controle e automação pretende ajustar determinada máquina para produzir certo tipo de peça. Para tanto, colocou-a para produzir essas peças durante uma hora em cada uma das três velocidades possíveis, obtendo as seguintes quantidades médias, por minuto, de peças boas e respectivos desvios-padrões para cada uma dessas velocidades:

    Velocidade 1 (lenta): $M_1 = 86$ e $s_1 = 17$

    Velocidade 2 (intermediária): $M_2 = 122$ e $s_2 = 29$

    Velocidade 3 (rápida): $M_3 = 175$ e $s_3 = 38$

    Qual dessas três velocidades o engenheiro deve escolher para que obtenha uma produção de peças boas mais constante?

2) Um levantamento feito na construtora A, sobre os salários dos operários, revelou que o salário médio mensal é de R$ 2000,00 e o desvio-padrão é de R$ 330,00, e em outra construtora B, o salário médio é de R$ 1750,00 e o desvio-padrão R$ 300,00. Qual das duas construtoras apresenta maior variação relativa nos salários de seus operários?

Respostas:

1) Como os coeficientes de variação de cada uma das três velocidades são, respectivamente, $C_{V1} = 19,77\%$, $C_{V2} = 23,77\%$ e $C_{V3} = 21,71\%$, então o engenheiro deve optar pela velocidade 1.

2) Como os coeficientes de variação dos salários das construtoras A e B são, respectivamente, $C_{VA} = 16,5\%$ e $C_{VB} = 17,14\%$, então a construtora B apresenta maior variação relativa nos salários.

4.4 Desvio-médio e desvio-padrão (para dados tabulados)

Em uma tabela de frequências, temos:

4.4.1 Desvio-médio

é dado por $\boxed{D = \dfrac{\Sigma f |\delta|}{N}}$

onde δ (é a letra grega **delta** minúscula) = desvios ou afastamentos dos pontos médios das classes (x) em relação à média aritmética $\boxed{M = \dfrac{\Sigma fx}{N}}$, isto é, $\boxed{\delta = x - M}$

4.4.2 Desvio-padrão

a) **Desvio-padrão populacional:** $\boxed{\sigma = \sqrt{\dfrac{\Sigma f \delta^2}{N}}}$ ou $\boxed{\sigma = \sqrt{\dfrac{\Sigma fx^2}{N} - \left(\dfrac{\Sigma fx}{N}\right)^2}}$ (são equivalentes)

b) **Desvio-padrão amostral:** $\boxed{s = \sqrt{\dfrac{\Sigma f \delta^2}{N-1}}}$ ou $\boxed{s = \sqrt{\dfrac{N(\Sigma fx^2) - (\Sigma fx)^2}{N(N-1)}}}$ (são equivalentes)

Exemplo (desvio-médio e desvio-padrão para dados tabulados)

A tabela de frequências abaixo apresenta os tempos, em minutos, que um grupo de funcionários, aleatoriamente escolhidos, gastou em certo dia para se deslocar de sua casa até o local de trabalho:

L	f	x	f • x	δ	|δ|	f • |δ|	δ²	f • δ²
8 ⊢ 14	1	11	11	−19,1	19,1	19,1	364,81	364,81
14 ⊢ 20	6	17	102	−13,1	13,1	78,6	171,61	1029,66
20 ⊢ 26	8	23	184	−7,1	7,1	56,8	50,41	403,28
26 ⊢ 32	15	29	435	−1,1	1,1	16,5	1,21	18,15
32 ⊢ 38	11	35	385	4,9	4,9	53,9	24,01	264,11
38 ⊢ 44	6	41	246	10,9	10,9	65,4	118,81	712,86
44 ⊢ 50	3	47	141	16,9	16,9	50,7	285,61	856,83
	N = 50		Σfx = 1504			Σf·|δ| = 341,0		Σfδ² = 3649,70

Calcular:

a) Média aritmética: $M = \dfrac{\Sigma fx}{N} = \dfrac{1504}{50} \Rightarrow \boxed{M = 30,1 \text{ min}}$

b) Desvio-médio: $D = \dfrac{\Sigma f|\delta|}{N} = \dfrac{341,0}{50} \Rightarrow \boxed{D = 6,8 \text{ min}}$

c) Desvio-padrão amostral: $s = \sqrt{\dfrac{\Sigma f \delta^2}{N-1}} = \sqrt{\dfrac{3649,70}{50-1}} = \sqrt{74,48} \Rightarrow \boxed{s = 8,6 \text{ min}}$

d) Variância amostral: $\boxed{\text{Var} = 74,48}$

e) Coeficiente de variação amostral: $C_V = \dfrac{s}{M} \cdot 100 = \dfrac{8,6}{30,1} \cdot 100 \Rightarrow \boxed{C_V = 28,57\%}$

Exercícios

1) O engenheiro responsável pelo setor de controle de qualidade de uma indústria fabricante de pisos cerâmicos testou diversos lotes de pisos, com mil unidades cada um, e registrou as quantidades, por lote, dos pisos considerados defeituosos (ou que apresentaram alguma imperfeição). A tabela de frequências abaixo apresenta esses resultados:

L			f
41	⊢	47	4
47	⊢	53	11
53	⊢	59	27
59	⊢	65	30
65	⊢	71	54
71	⊢	77	43
77	⊢	83	29
83	⊢	89	8

Calcular:

a) Média aritmética.

b) Desvio-médio.

c) Desvio-padrão amostral.

d) Variância amostral.

e) Coeficiente de variação amostral.

Respostas:

a) M = 67,8 pisos/lote; b) D = 7,6 pisos/lote; c) s = 9,7 pisos/lote;
d) Var = 93,37; e) C_v = 14,31%.

2) A tabela de frequências abaixo apresenta os tempos, em minutos, que determinado tipo de bateria de telefone celular gastou para completar a sua carga, de uma amostra de baterias aleatoriamente selecionadas por um engenheiro químico:

L		f
72	⊢ 81	15
81	⊢ 90	38
90	⊢ 99	57
99	⊢ 108	71
108	⊢ 117	47
117	⊢ 126	27
126	⊢ 135	12

Calcular:

a) Média aritmética.

b) Desvio-médio.

c) Desvio-padrão amostral.

d) Variância amostral.

e) Coeficiente de variação.

Respostas:

a) $M = 102{,}1$ min;   b) $D = 10{,}9$ min;   c) $s = 13{,}5$ min;   d) $Var = 182{,}92$;   e) $C_V = 13{,}22\%$.

5

Medidas de assimetria e curtose

5.1 Assimetria

A **assimetria** e a **curtose** são as medidas que completam o estudo da Estatística Descritiva.

A **assimetria** é o grau de deformação de uma curva de frequências, isto é, o desvio ou afastamento da simetria de uma distribuição.

Uma distribuição é **simétrica** quando $\boxed{M = M_d = M_o}$.

onde,

M = média aritmética

M_d = mediana

M_o = moda

e a curva de frequências da distribuição tem a seguinte forma:

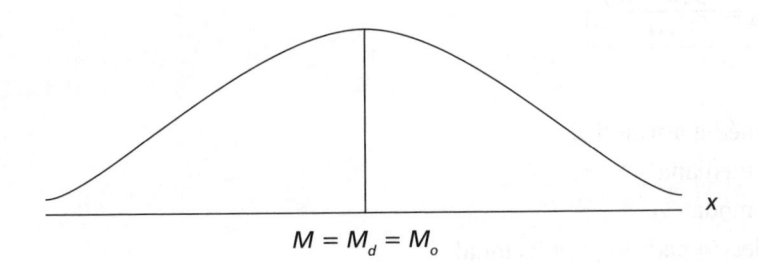

$M = M_d = M_o$

Quando a distribuição **não for simétrica**, temos **dois casos**:

a) **Assimétrica positiva:** é quando a cauda da curva é mais **alongada à direita**, ou seja, as frequências **mais altas** se encontram no **lado esquerdo da média**, e isto ocorre quando $\boxed{M_o < M_d < M}$. A curva de frequências da distribuição tem a seguinte forma:

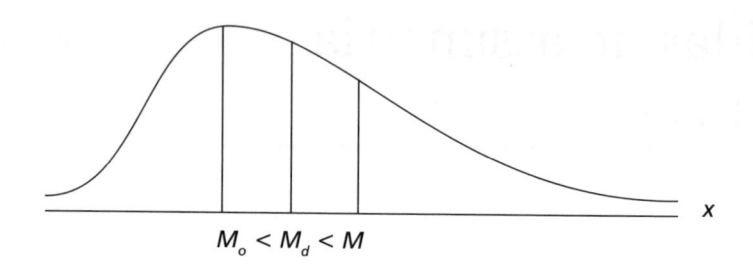

$$M_o < M_d < M$$

b) **Assimétrica negativa:** é quando a cauda da curva é mais **alongada à esquerda**, ou seja, as frequências **mais altas** se encontram no **lado direito da média**, e isto ocorre quando $\boxed{M < M_d < M_o}$. A curva de frequências da distribuição tem a seguinte forma:

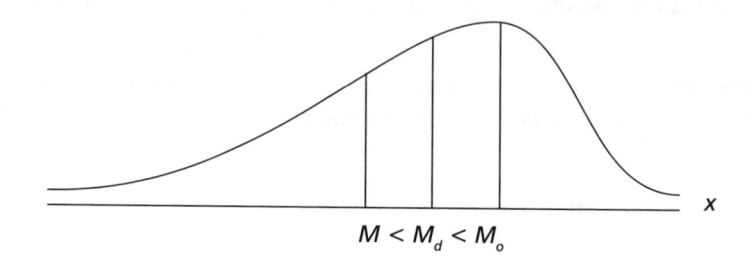

$$M < M_d < M_o$$

A **medida de assimetria** sugerida por **Karl Pearson** é dada por:

Assimetria **amostral**: $\boxed{A_S = \dfrac{M - M_o}{s}}$ ou $\boxed{A_S = \dfrac{3(M - M_d)}{s}}$ e assimetria **populacional**: $\boxed{A_S = \dfrac{3(M - M_d)}{\sigma}}$

onde,

   M = média aritmética
   M_d = mediana
   M_o = moda
   σ = desvio-padrão populacional
   s = desvio-padrão amostral

5.2 Curtose

A **curtose** nos dá o grau de achatamento ou alongamento de uma curva de frequências, em relação à curva normal, podendo ser de **três tipos**:

a) **Curva ou distribuição de frequências MESOCÚRTICA**: é a curva de frequências que apresenta um grau de achatamento equivalente ao da curva normal, ou seja,

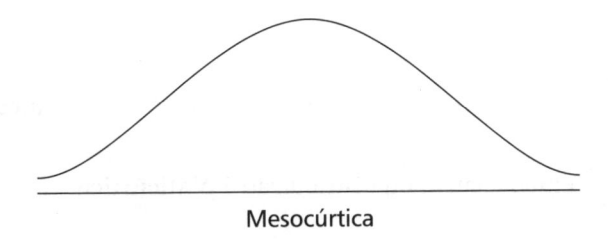

Mesocúrtica

b) **Curva ou distribuição de frequências PLATICÚRTICA**: é a curva que apresenta um alto grau de achatamento, superior ao da normal, indicando que os dados estão mais **dispersos**, ou seja, a distribuição é mais **heterogênea**. A curva é da seguinte forma:

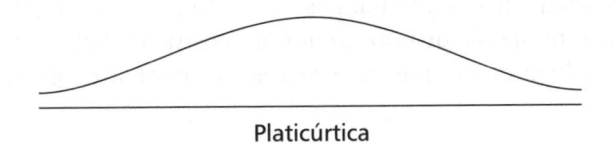

Platicúrtica

c) **Curva ou distribuição de frequências LEPTOCÚRTICA**: é a curva que apresenta um grau de afilamento superior ao da normal, indicando que os dados estão mais **concentrados**, ou seja, a distribuição é mais **homogênea**. A curva é da seguinte forma:

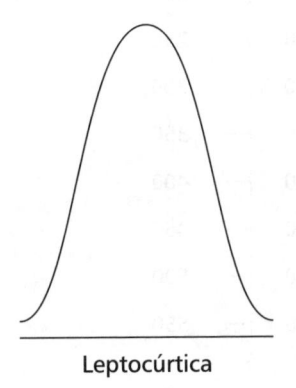

Leptocúrtica

O **coeficiente de curtose** é dado por: $\boxed{C = \dfrac{Q_3 - Q_1}{2 \cdot (D_9 - D_1)}}$

onde,

Q_1 = 1º quartil

Q_3 = 3º quartil

D_1 = 1º decil

D_9 = 9º decil

Se $\boxed{C = 0{,}263}$ (valor teórico), então a curva ou distribuição é **mesocúrtica**

$\boxed{C > 0{,}263}$, então a curva ou distribuição é **platicúrtica**

$\boxed{C < 0{,}263}$, então a curva ou distribuição é **leptocúrtica**

Exemplo

O engenheiro de computação do setor de manutenção de uma grande empresa de aparelhos eletrônicos registrou, para uma amostra aleatória de 210 telefones celulares de determinado modelo, os tempos de uso (em dias), até que esses aparelhos apresentassem algum tipo de defeito, conforme mostra a tabela de frequências abaixo. Calcular as medidas de **assimetria** e **curtose**, e **construir** o **gráfico**.

L	f
0 ⊢ 50	5
50 ⊢ 100	20
100 ⊢ 150	34
150 ⊢ 200	40
200 ⊢ 250	36
250 ⊢ 300	30
300 ⊢ 350	25
350 ⊢ 400	10
400 ⊢ 450	5
450 ⊢ 500	3
500 ⊢ 550	2

Solução:

L		f	F	x	f • x	δ	δ²	f • δ²
0 ⊢ 50		5	5	25	125	−192,6	37094,76	185473,80
50 ⊢ 100		20	25	75	1500	−142,6	20334,76	406695,20
100 ⊢ 150		34	59	125	4250	−92,6	8574,76	291541,84
150 ⊢ 200		40	99	175	7000	−42,6	1814,76	72590,40
200 ⊢ 250		36	135	225	8100	7,4	54,76	1971,36
250 ⊢ 300		30	165	275	8250	57,4	3294,76	98842,80
300 ⊢ 350		25	190	325	8125	107,4	11534,76	288369,00
350 ⊢ 400		10	200	375	3750	157,4	24774,76	247747,60
400 ⊢ 450		5	205	425	2125	207,4	43014,76	215073,80
450 ⊢ 500		3	208	475	1425	257,4	66254,76	198764,28
500 ⊢ 550		2	210	525	1050	307,4	94494,76	188989,52
		N = 210			Σfx = 45700			Σfδ² = 2196059,60

a) Mediana:

$$M_d = l_{inf} + i \cdot \left(\frac{\frac{N}{2} - F_{ant}}{f_{med}} \right) \Rightarrow M_d = 200 + 50 \cdot \left(\frac{\frac{210}{2} - 99}{36} \right) = 200 + 8,3 \Rightarrow \boxed{M_d = 208,3 \text{ dias}}$$

b) Média:

$$M = \frac{\Sigma fx}{N} \Rightarrow M = \frac{45700}{210} \Rightarrow \boxed{M = 217,6 \text{ dias}}$$

c) Desvio-padrão amostral:

$$s = \sqrt{\frac{\Sigma f\delta^2}{N-1}} \Rightarrow s = \sqrt{\frac{2196059,60}{210-1}} = \sqrt{10507,46} \Rightarrow \boxed{s = 102,5 \text{ dias}}$$

d) Assimetria:

$$A_s = \frac{3 \cdot (M - M_d)}{s} \Rightarrow A_s = \frac{3 \cdot (217,6 - 208,3)}{102,5} \Rightarrow \boxed{A_s = +0,272}$$

e) **Conclusão:** A **assimetria é positiva** (cauda mais alongada à direita), o que acarreta que os valores estão mais concentrados à esquerda, ou seja, grande parte dos defeitos estão ocorrendo com uma quantidade relativamente pequena de dias de uso.

f) **1º Quartil:**

$$\boxed{Q_1 = l_{inf} + i \cdot \left(\frac{\frac{1}{4} \cdot N - F_{ant}}{f_{Q_1}}\right)} \Rightarrow Q_1 = 100 + 50 \cdot \left(\frac{\frac{1}{4} \cdot 210 - 25}{34}\right) =$$

$$= 100 + 50 \cdot \left(\frac{52,5 - 25}{34}\right) = 100 + 40,44 \Rightarrow \boxed{Q_1 = 140,44 \text{ dias}}$$

g) **3º Quartil:**

$$\boxed{Q_3 = l_{inf} + i \cdot \left(\frac{\frac{3}{4} \cdot N - F_{ant}}{f_{Q_3}}\right)} \Rightarrow Q_3 = 250 + 50 \cdot \left(\frac{\frac{3}{4} \cdot 210 - 135}{30}\right) =$$

$$= 250 + 50 \cdot \left(\frac{157,5 - 135}{30}\right) = 250 + 37,50 \Rightarrow \boxed{Q_3 = 287,50 \text{ dias}}$$

h) **1º Decil:**

$$\boxed{D_1 = l_{inf} + i \cdot \left(\frac{\frac{1}{10} \cdot N - F_{ant}}{f_{D_1}}\right)} \Rightarrow D_1 = 50 + 50 \cdot \left(\frac{\frac{1}{10} \cdot 210 - 5}{20}\right) =$$

$$= 50 + 50 \cdot \left(\frac{21 - 5}{20}\right) = 50 + 40,00 \Rightarrow \boxed{D_1 = 90,00 \text{ dias}}$$

i) **9º Decil:**

$$\boxed{D_9 = l_{inf} + i \cdot \left(\frac{\frac{9}{10} \cdot N - F_{ant}}{f_{D_9}}\right)} \Rightarrow D_9 = 300 + 50 \cdot \left(\frac{\frac{9}{10} \cdot 210 - 165}{25}\right) =$$

$$= 300 + 50 \cdot \left(\frac{189 - 165}{25}\right) = 300 + 48,00 \Rightarrow \boxed{D_9 = 348,00 \text{ dias}}$$

j) **Curtose:**

$$C = \frac{Q_3 - Q_1}{2 \cdot (D_9 - D_1)} \Rightarrow C = \frac{287{,}50 - 140{,}44}{2 \cdot (348{,}00 - 90{,}00)} = \frac{147{,}06}{516{,}00} \Rightarrow \boxed{C = 0{,}285}$$

k) **Conclusão:** Como a **curtose** é 0,285 > 0,263 (valor teórico), então a **curva é platicúrtica (achatada)**, ou seja, a distribuição é mais **heterogênea**, o que acarreta que certa quantidade de aparelhos está apresentando defeito com pouco tempo de uso, outra quantidade está apresentando defeito após algum tempo maior de dias de uso, outra quantidade com um tempo bem maior de dias de uso e outra com um tempo muito maior ainda de dias de uso.

l) **Gráfico do histograma com a curva de assimetria:**

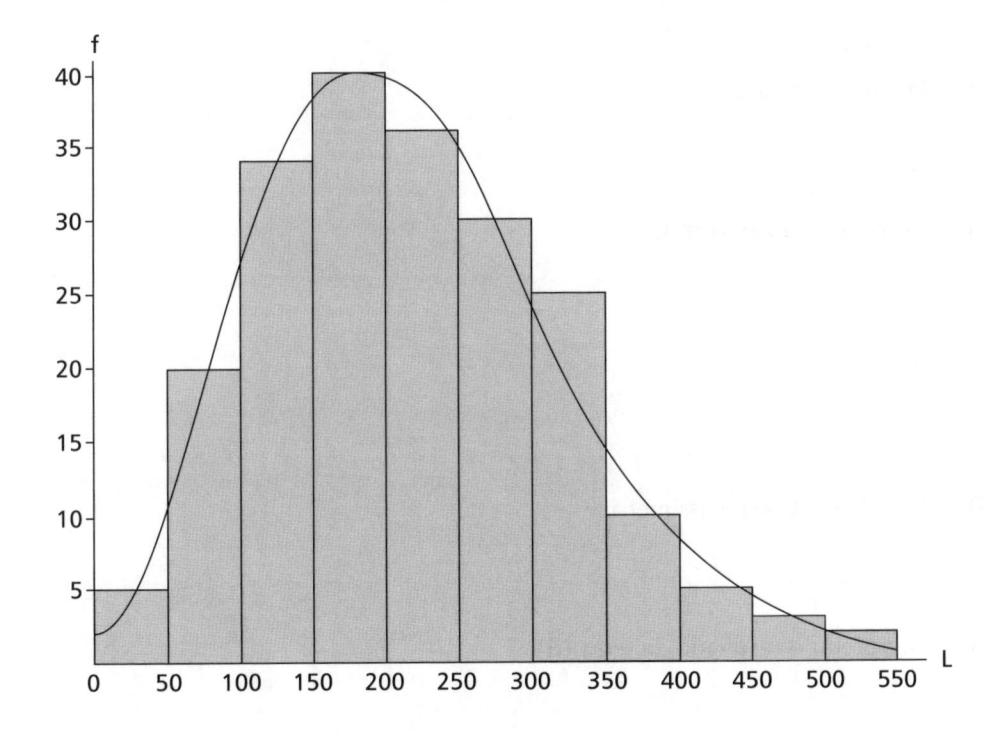

Exercícios

1) A seguinte tabela de frequências apresenta as quantidades de peças consideradas defeituosas produzidas, por dia, por certa máquina, durante determinado período:

L		f
42 ├── 49		3
49 ├── 56		7
56 ├── 63		15
63 ├── 70		26
70 ├── 77		41
77 ├── 84		34
84 ├── 91		20
91 ├── 98		8

Pede-se:

a) Média aritmética.

b) Desvio-padrão amostral.

c) Mediana.

d) Medida e o tipo de assimetria.

e) Interpretar o resultado da letra **(d)**.

f) 1º quartil.

g) 3º quartil.

h)   1º decil.

i)   9º decil.

j)   Medida e o tipo de curtose.

k)   Interpretar o resultado da letra (j).

l)   Construir o gráfico (histograma e curva de assimetria).

Respostas:

a) $M = 73,9$ peças defeituosas/dia;   b) $s = 11,1$ peças defeituosas/dia;   c) $M_d = 74,4$ peças defeituosas/dia;   d) $A_s = -0,135$ assimetria negativa (isto é, curva mais alongada à esquerda);   e) houve maior concentração de dias com maior quantidade de peças defeituosas produzidas por essa máquina;   f) $Q_1 = 66,63$ peças defeituosas/dia;   g) $Q_3 = 81,84$ peças defeituosas/dia;   h) $D_1 = 58,52$ peças defeituosas/dia;   i) $D_9 = 88,41$ peças defeituosas/dia; j) $C = 0,254$ curva leptocúrtica;   k) os dados são mais homogêneos, ou seja, as quantidades diárias de peças defeituosas, na maioria dos dias, não foram tão dispersas.

2) A seguinte tabela de frequências apresenta os tempos, em segundos, para a realização de um experimento em um laboratório e as respectivas quantidades de ensaios que gastaram esses tempos:

L	f
147 ⊢ 153	7
153 ⊢ 159	9
159 ⊢ 165	8
165 ⊢ 171	13
171 ⊢ 177	11
177 ⊢ 183	9
183 ⊢ 189	7
189 ⊢ 195	9

Pede-se:

a) Média aritmética.

b) Desvio-padrão amostral.

c) Mediana.

d) Medida e o tipo de assimetria.

e) Interpretar o resultado da letra **(d)**.

f) 1º quartil.

g) 3º quartil.

h) 1º decil.

i) 9º decil.

j) Medida e o tipo de curtose.

k) Interpretar o resultado da letra (j).

l) Construir o gráfico (histograma e curva de assimetria).

Respostas:

a) $M = 171,2$ s; b) $s = 13,0$ s (segundos); c) $M_d = 170,8$ s; d) $A_s = +0,092$ assimetria positiva (isto é, curva mais alongada à direita); e) os tempos de realização desses experimentos ficaram mais concentrados nos valores mais baixos (isto é, com menor tempo de duração); f) $Q_1 = 160,69$ s; g) $Q_3 = 181,50$ s; h) $D_1 = 153,20$ s; i) $D_9 = 190,13$ s; j) $C = 0,282$ curva platicúrtica; k) os dados são mais heterogêneos, ou seja, os tempos de realização desse experimento foram mais dispersos.

5.3 Exercícios de revisão (Capítulos 2 a 5)

A distribuição abaixo apresenta os tempos, em segundos, que 75 computadores aleatoriamente escolhidos por um engenheiro de computação gastaram para executar determinada tarefa:

89	93	96	98	98	101	102	102	104	105	106	108	109	109	110	110	110	111	111
112	112	113	113	114	114	114	114	114	114	114	115	115	115	116	116	116	116	116
116	116	117	117	117	118	118	118	119	119	119	119	119	119	119	120	120	120	121
121	121	122	122	123	123	124	125	125	126	127	127	127	128	128	129	131	133	

Com base nesses dados, pede-se:

1) Média aritmética simples desses tempos (isto é, média para dados não tabulados).

2) Mediana desses tempos, para dados não tabulados.

3) Moda desses tempos, para dados não tabulados.

4) Fazer o tabulamento desses tempos (isto é, construir a tabela de frequências).

5) Frequências absolutas relativas da tabela do item 4.

6) Frequências absolutas percentuais da tabela do item 4.

7) Frequências acumuladas da tabela do item 4.

8) Frequências acumuladas relativas da tabela do item 4.

9) Frequências acumuladas percentuais da tabela do item 4.

10) Média aritmética desses tempos, para dados tabulados (ver tabela encontrada no item 4).

11) Por que os resultados dos itens 1 e 10 geralmente são diferentes?

12) Mediana desses tempos, para dados tabulados.

13) Moda desses tempos, para dados tabulados, pela 1ª estimativa (moda de Pearson).

14) Moda desses tempos, para dados tabulados, pela 2ª estimativa (moda de Czuber).

15) 1º quartil (para a tabela do item 4).

16) 3º quartil (para a tabela do item 4).

17) 1º decil (para a tabela do item 4).

18) 2º decil (para a tabela do item 4).

19) 5º decil (para a tabela do item 4).

20) 6º decil (para a tabela do item 4).

21) 9º decil (para a tabela do item 4).

22) 25º centil (para a tabela do item 4).

23) 38º centil (para a tabela do item 4).

24) 91º centil (para a tabela do item 4).

25) 3º centil (para a tabela do item 4).

26) Amplitude desses tempos para dados não tabulados (isto é, para os 75 valores do enunciado).

27) Amplitude desses tempos para os dados tabulados (isto é, para os dados da tabela do item 4).

28) Desvio-médio desses tempos, para dados não tabulados, somente para os dez primeiros valores da 1ª linha do quadro acima (de 89 a 105).

29) Qual é a interpretação para o resultado encontrado no item 28?

30) Desvio-padrão amostral desses tempos, para dados não tabulados, dos oito últimos valores da última linha do quadro acima (de 127 a 133).

31) Desvio-médio desses tempos, para dados tabulados (ver tabela encontrada no item 4).

32) Desvio-padrão (amostral) desses tempos, para dados tabulados (ver tabela encontrada no item 4).

33) Variância amostral para o resultado encontrado no item 32.

34) Coeficiente de variação amostral para os resultados dos itens 10 e 32.

35) Qual é a interpretação para o resultado encontrado no item 34?

36) A medida de assimetria para os dados da tabela encontrada no item 4.

37) O tipo e a interpretação da assimetria encontrada no item 36.

38) A medida de curtose para os dados da tabela encontrada no item 4.

39) O tipo e a interpretação da curtose encontrada no item 38.

40) Construir o Histograma para a tabela encontrada no item 4.

41) Construir o Polígono de Frequências para a tabela encontrada no item 4.

Respostas:

							4)		5)	6)	7)	8)	9)
1)	115,4 s	17)	103,17 s	27)	45	L		f	f_r	f_p	F	F_r	F_p
2)	116 s	18)	110,36 s	28)	4,0 s	89 ⊢ 94		2	0,027	2,7%	2	0,027	2,7%
3)	114, 116	19)	117,2 s	30)	2,2 s	94 ⊢ 99		3	0,040	4,0%	5	0,067	6,7%
	e 119 s	20)	118,78 s	31)	6,4 s	99 ⊢ 104		3	0,040	4,0%	8	0,107	10,7%
10)	116,1 s	21)	126,50 s	32)	8,8 s	104 ⊢ 109		4	0,053	5,3%	12	0,160	16,0%
12)	117,2 s	22)	112,07 s	33)	78,22 s²	109 ⊢ 114		11	0,147	14,7%	23	0,307	30,7%
13)	119,4 s	23)	115,20 s	34)	7,58%	114 ⊢ 119		23	0,306	30,7%	46	0,613	61,3%
14)	117,3 s	24)	126,92 s	36)	–0,375	119 ⊢ 124		17	0,227	22,7%	63	0,840	84,0%
15)	112,07 s	25)	94,42 s	38)	0,213	124 ⊢ 129		9	0,120	12,0%	72	0,960	96,0%
16)	122,01 s	26)	44 s			129 ⊢ 134		3	0,040	4,0%	75	1,000	100%

11) No item 1, os valores são os tempos reais gastos, e no item 10, esses tempos são as estimativas dadas pela tabela de frequências.

29) Espera-se que, em média, haja uma variação nos tempos de 4 segundos, p/ mais ou p/ menos, em relação ao tempo médio.

35) O desvio-padrão corresponde a 7,58% da média aritmética, e como C_v < 15%, há um baixa dispersão dos tempos verificados.

37) Assimetria negativa, ou seja, os tempos gastos para a execução dessa tarefa estão concentrados nos valores mais altos.

39) Curva leptocúrtica, ou seja, os tempos gastos nessa tarefa são mais homogêneos, isto é, os tempos não são muito dispersos.

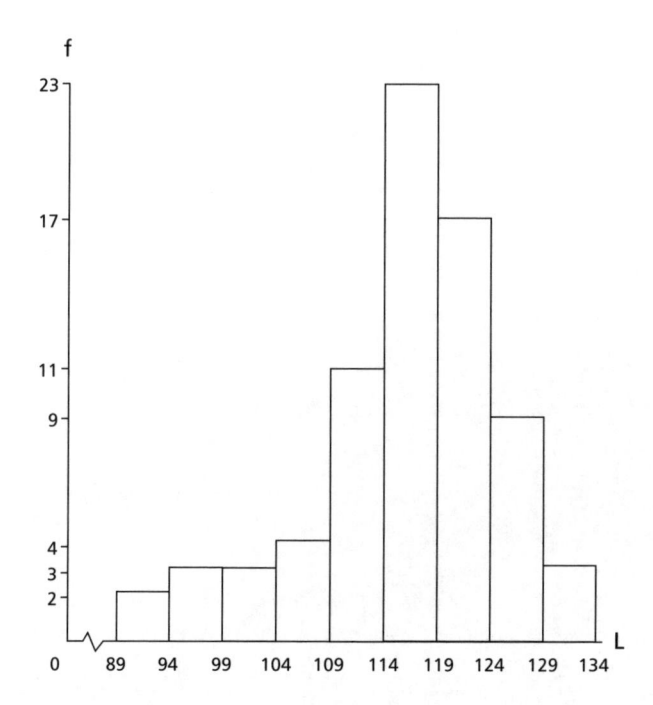

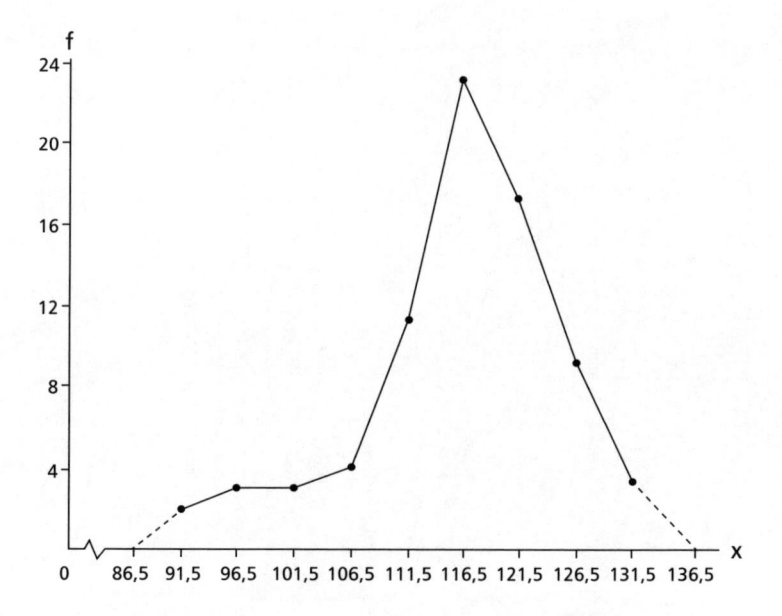

40)

41)

6

Probabilidades
(2º ramo da Estatística)

A probabilidade é a base para se analisarem situações que envolvem o acaso. A teoria das probabilidades é fundamental para o estudo da inferência estatística na qual são tomadas determinadas decisões sob condições de incerteza.

Antes de jogarmos um dado, é impossível prever o número que sairá, mas podemos estimar as possibilidades matemáticas dos resultados. A probabilidade é o estudo desse tipo de cálculo, a qual tem início no século XVI, a partir dos jogos de azar (dados, cartas, roletas), tendo como precursores os italianos Cardano (1501-1576) e Galileu Galilei (1564-1642).

6.1 Probabilidade simples

A probabilidade p de ocorrência de um evento (acontecimento) é definida como o quociente do número de casos **favoráveis** (n) à ocorrência desse evento, pelo número total de resultados **possíveis** (N) de ocorrências do mesmo experimento, isto é, $\boxed{p = \dfrac{n}{N}}$.

A probabilidade de não ocorrência do mesmo evento é indicada por q. É claro que $\boxed{p + q = 1}$ (100%).

Obs.: De $p + q = 1$, temos que $p = 1 - q$ ou $\boxed{q = 1 - p}$.

> **REPRESENTAÇÃO DO RESULTADO DE PROBABILIDADE**
>
> O resultado de uma probabilidade pode ser expresso de **três formas**: em **fração**, em **número decimal** ou em **porcentagem**.

> **REGRA DO ARREDONDAMENTO PARA PROBABILIDADE**
>
> O resultado de uma probabilidade, na forma decimal, deve ser arredondado para **três dígitos significativos**.

Obs.: Quando o **3º algarismo significativo** de uma probabilidade escrita na forma decimal for **zero**, podemos desprezá-lo. Por exemplo, a probabilidade:

0,10**0** pode ser representada por 0,10

0,25**0** pode ser representada por 0,25

0,0037**0** pode ser representada por 0,0037

6.2 Regra da Adição

Aplica-se a **Regra da Adição** de dois eventos A e B, que se denota por P(A ou B), para encontrar a probabilidade de ocorrência do evento A, ou do evento B, ou ocorrência de ambos, em uma única prova.

Regra Formal da Adição de dois eventos A e B:

$$P(A \text{ ou } B) = P(A) + P(B) - P(A \text{ e } B)$$ ou $$P(A \cup B) = P(A) + P(B) - P(A \cap B)$$

onde, P(A e B) = P(A∩B) é a probabilidade dos eventos A e B ocorrerem ao mesmo tempo como resultado de uma prova do experimento.

Se A e B são **eventos disjuntos** (isto é, A∩B = ∅), então $P(A \cup B) = P(A) + P(B)$

6.3 Regra da Multiplicação

Enquanto a **Regra da Adição** é utilizada para calcular a probabilidade da **união de dois eventos**, a **Regra da Multiplicação** é utilizada para calcular a probabilidade da **intersecção de dois eventos**. Assim, para dois eventos **independentes** A e B, a probabilidade da ocorrência de A e B é: $\boxed{P(A \cap B) = P(A) \cdot P(B)}$.

Exemplos (probabilidades)

1) Comprando-se 10 números de uma rifa que tem um total de 100 números, qual é a probabilidade de se ganhar o prêmio?

   Solução: $p = \dfrac{10}{100} = \dfrac{1}{10} = 0{,}10 \ (10\%)$

2) Num certo final de semana, o Departamento de Trânsito registrou um movimento em determinado trecho de certa rodovia de 12358 veículos, tendo uma ocorrência de 32 multas por infração de trânsito. Determinar a probabilidade de ocorrência de infração de trânsito nesse trecho de rodovia.

   Solução: $p = \dfrac{32}{12358} = \dfrac{16}{6179} = 0{,}00259 \ (0{,}259\%)$

Obs.: A probabilidade do exemplo 1 chama-se **Probabilidade Matemática ou Dedutiva** ou *a priori*; e a do exemplo 2 chama-se **Probabilidade Estatística ou Indutiva** ou *a posteriori*.

3) Jogando-se um dado para o ar, determinar a probabilidade de se obter:

a) Número 5.

   Solução: $p = \dfrac{1}{6} = 0{,}167 \ (16{,}7\%)$

b) Número menor que 3 (isto é, 1 ou 2).

   Solução: $p = \dfrac{n}{N} = \dfrac{2}{6} = \dfrac{1}{3}$ ou $0{,}333 \ (33{,}3\%)$

c) Número maior ou igual a 3 (isto é, 3, 4, 5 ou 6).

   Solução: $p = \dfrac{4}{6} = \dfrac{2}{3} = 0{,}667 \ (66{,}7\%)$

4) Uma empresa possui 105 funcionários, sendo 77 homens e 28 mulheres. Escolhendo-se aleatoriamente um desses funcionários para ser homenageado, determinar a probabilidade de que seja sorteado um homem.

Solução: $p = \dfrac{77}{105} = \dfrac{77:7}{105:7} = \dfrac{11}{15} = 0{,}733$ (73,3%)

5) Numa caixa há 30 bolas brancas, 15 pretas e 9 azuis. Retirando-se uma bola dessa caixa, determinar a probabilidade de que a cor dessa bola:

a) Seja branca.

Solução: $p = \dfrac{30}{54} = \dfrac{30:6}{54:6} = \dfrac{5}{9} = 0{,}556$ (55,6%)

b) Seja branca ou azul.

Solução: 1º modo: $p = \dfrac{30+9}{54} = \dfrac{39}{54} = \dfrac{39:3}{54:3} = \dfrac{13}{18} = 0{,}722$ (72,2%)

2º modo:

Probabilidade de que a bola seja branca: $p_1 = \dfrac{30}{54}$

Probabilidade de que a bola seja azul: $p_2 = \dfrac{9}{54}$

A probabilidade de que a bola seja branca **ou** azul, é:

$$p = p_1 + p_2 = \dfrac{30}{54} + \dfrac{9}{54} = \dfrac{30+9}{54} = \dfrac{39}{54} = \dfrac{13}{18} = 0{,}722 \; (72{,}2\%)$$

c) Não seja azul.

Solução: 1º modo: A probabilidade de que as bolas que **não sejam azuis**, isto é, brancas (30) ou pretas (15), é: $p = \dfrac{30+15}{54} = \dfrac{45}{54} = \dfrac{45:9}{54:9} = \dfrac{5}{6} = 0{,}833$ (83,3%)

2º modo: A probabilidade da bola ser de **cor azul** é: $p = \dfrac{9}{54} = 0{,}167$

Assim, a probabilidade da bola **não ser azul** (que é a probabilidade complementar de *p*) é:

$q = 1 - p \Rightarrow q = 1 - \dfrac{9}{54} = \dfrac{54-9}{54} = \dfrac{45}{54} = \dfrac{5}{6} = 0{,}833\ (83{,}3\%)$ **ou**

$q = 1 - p = 1 - 0{,}167 = 0{,}833\ (83{,}3\%)$

6) Numa empresa com 60 funcionários, um deles foi escolhido aleatoriamente. Qual é a probabilidade de que esse funcionário tenha nascido num domingo?

Solução: $p = \dfrac{1}{7} = 0{,}143\ (14{,}3\%)$

7) Uma rifa tem números de 1 a 1000. Uma pessoa compra todos os números que têm exatamente três algarismos. Determinar a probabilidade dessa pessoa ganhar o prêmio.

Solução: $p = \dfrac{900}{1000} = \dfrac{9}{10} = 0{,}90\ (90\%)$

8) Jogando ao acaso uma moeda e um dado, qual é a probabilidade de ocorrer coroa e número menor que 4?

Solução: A probabilidade de obter coroa em uma moeda é: $p_1 = \dfrac{1}{2}$, e a probabilidade de sair número menor que 4 em um dado é: $p_2 = \dfrac{3}{6}$. Como queremos a probabilidade de obter dois acontecimentos independentes e simultâneos, devemos aplicar a **Regra da Multiplicação**, ou seja, $p = p_1 \cdot p_2 = \dfrac{1}{2} \cdot \dfrac{3}{6} = \dfrac{3}{12} = \dfrac{1}{4} = 0{,}25\ (25\%)$

6.4 Diagrama da árvore

Resolvendo o exemplo 8 pelo **Diagrama da Árvore**, temos:

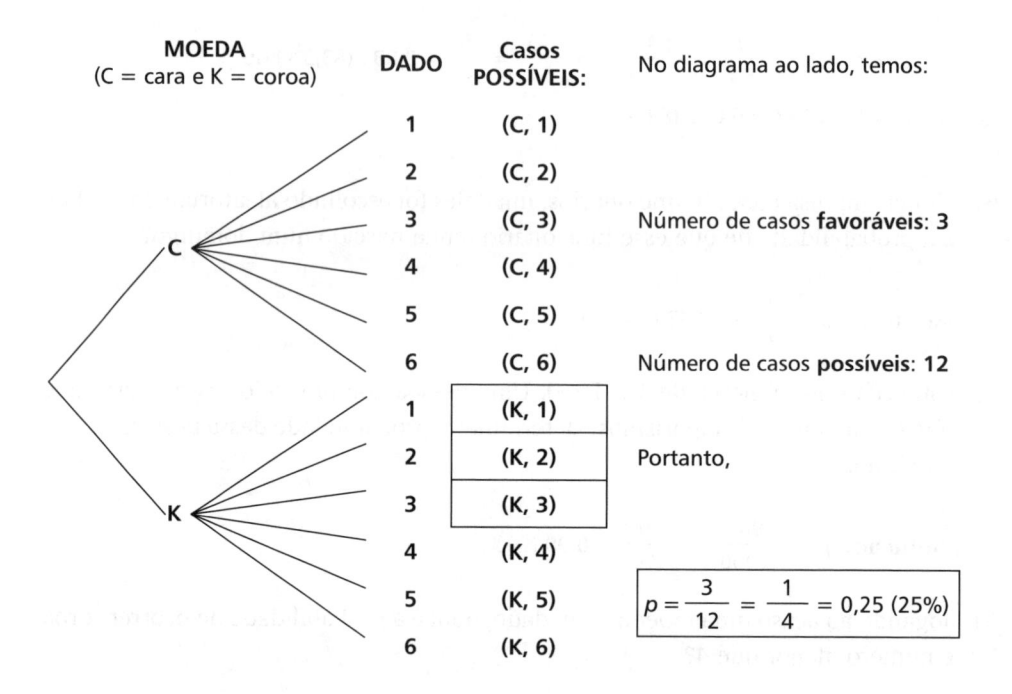

MOEDA (C = cara e K = coroa)	DADO	Casos POSSÍVEIS:	
	1	(C, 1)	
	2	(C, 2)	
C	3	(C, 3)	Número de casos **favoráveis**: 3
	4	(C, 4)	
	5	(C, 5)	
	6	(C, 6)	Número de casos **possíveis**: 12
	1	(K, 1)	
	2	(K, 2)	Portanto,
K	3	(K, 3)	
	4	(K, 4)	
	5	(K, 5)	$p = \dfrac{3}{12} = \dfrac{1}{4} = 0{,}25\ (25\%)$
	6	(K, 6)	

No diagrama ao lado, temos:

9) Arremessando-se dois dados coloridos (um azul e outro vermelho), qual é a probabilidade de sair o número 6 no dado azul e não sair o número 6 no dado vermelho?

Solução:

1º modo: Quando arremessamos dois dados (ou quando arremessamos um único dado duas vezes), temos 36 resultados possíveis (tal como no exemplo anterior, o diagrama da árvore esclarece facilmente essas possibilidades). Outra forma de encontrar rapidamente esse total (espaço amostral) é a de se calcular a potenciação cuja **base** é o número de **faces do dado** e o **expoente** é o **número de dados jogados**, isto é, $6^2 = 36$.

O evento (isto é, os resultados desejados) é formado pelos 5 pares ordenados seguintes: (6,1), (6,2), (6,3), (6,4) e (6,5), sendo que o primeiro elemento do par ordenado correspondente ao número do dado azul e o segundo ao número do dado vermelho. Logo, a probabilidade é: $p = \dfrac{5}{36} = 0{,}139\ (13{,}9\%)$.

2º modo: Como o evento: "sair número 6 no dado azul" tem probabilidade: $p_1 = \dfrac{1}{6}$ e o evento: "não sair número 6 no dado vermelho" tem probabilidade: $p_2 = \dfrac{5}{6}$, e como os dois eventos são **independentes**, e queremos que ocorram **simultanea-**

mente (isto é, ao mesmo tempo), devemos aplicar a Regra da Multiplicação, ou seja,

$$p = p_1 \cdot p_2 = \frac{1}{6} \cdot \frac{5}{6} = \frac{5}{36} = 0,139 \, (13,9\%)$$

10) Numa caixa há 12 peças, sendo 4 boas e 8 defeituosas. Noutra caixa há 10 peças, sendo 6 boas e 4 defeituosas. Tirando ao acaso uma peça de cada caixa, qual a probabilidade de que a peça retirada da primeira caixa seja boa e a da segunda seja:

a) Defeituosa?

Solução: A probabilidade de sair peça boa na primeira caixa: $p_1 = \frac{4}{12} = \frac{1}{3}$ e a probabilidade de sair peça defeituosa na segunda caixa: $p_2 = \frac{4}{10} = \frac{2}{5}$. Logo, a probabilidade pedida é: $p = p_1 \cdot p_2 = \frac{1}{3} \cdot \frac{2}{5} = \frac{2}{15} = 0,133 \, (13,3\%)$.

b) Boa, também?

Solução: A probabilidade de sair peça boa na primeira caixa: $p_1 = \frac{4}{12} = \frac{1}{3}$ e a probabilidade de sair peça boa na segunda caixa: $p_2 = \frac{6}{10} = \frac{3}{5}$. Portanto, a probabilidade pedida é: $p = p_1 \cdot p_2 = \frac{1}{3} \cdot \frac{3}{5} = \frac{3}{15} = \frac{1}{5} = 0,20 \, (20\%)$.

11) Em certa cidade, votaram na última eleição 41033 eleitores, dos quais 12199 votaram em determinado candidato. Escolhendo-se aleatoriamente um eleitor que tenha votado nessa eleição, qual é a probabilidade de ele ter votado no referido candidato?

Solução: $p = \frac{12199}{41033} = \frac{12199 : 1109}{41033 : 1109} = \frac{11}{37} = 0,297 \, (29,7\%)$

Obs.: O número 1109 que aparece na simplificação da fração acima, e que a deixará na **forma irredutível**, nada mais é do que o **m.d.c. (máximo divisor comum)** de **12199** e **41033**. Para encontrar esse m.d.c., podemos aplicar **o método das divisões sucessivas**, que é uma regra bem prática (é um teorema), na qual utilizamos os **"restos"** de cada uma das divisões até obter o resto 0 (zero); o m.d.c. procurado será o último resto não nulo nessas divisões, conforme segue:

1º passo: Dividir **41033** por **12199**; o **resto** dessa divisão é **4436**:

41033	12199
resto ⇒ **4436**	3

2º passo: Dividir **12199** por **4436** (resto da primeira divisão); o **resto** dessa divisão é **3327**:

12199	4436
resto ⇒ **3327**	2

3º passo: Dividir **4436** por **3327** (resto da segunda divisão); o **resto** dessa divisão é **1109**:

4436	3327
último resto não nulo ⇒ **1109**	1

⇑
m.d.c.

4º passo: Dividir 3327 por 1109 (resto da terceira divisão); o resto dessa divisão é 0:

3327	1109
resto ⇒ 0	3

Portanto, o m.d.c. de 12199 e 41033 é **1109**.

Um outro modo é utilizar o seguinte **quadro-resumo** dessas divisões:

denominador	numerador	1º resto	2º resto	3º resto	4º resto (último)
⇓	⇓	⇓	⇓	⇓	⇓
41033	12199	4436	3327	1109	0

⇑
m.d.c.

Também, podemos utilizar o **algoritmo das sucessivas divisões**, como segue:

41033 = 12199•3 + 4436

12199 = 4436•2 + 3327

4436 = 3327•1 + $\boxed{1109}$ ⇒ **m.d.c.** (que é o último resto não nulo)

3327 = 1109•3 + 0

Exercícios

1) Um levantamento realizado no mês passado por certa companhia aérea, mostrou que, dos 300 voos selecionados aleatoriamente, 247 chegaram no horário previsto. Qual é a probabilidade de um voo dessa companhia chegar no horário?

2) Certa máquina produz determinado tipo de peça cuja probabilidade de ser defeituosa é 10%, de ser reaproveitável é 20% e de ser de boa qualidade é 70%. Se um engenheiro mecânico retirar sucessivamente duas peças quaisquer da produção, determinar a probabilidade de obter:

   a) Duas peças defeituosas.

   b) Pelo menos uma peça de boa qualidade.

   c) Uma peça reaproveitável e uma peça de boa qualidade.

   d) Uma peça defeituosa e uma peça reaproveitável.

3) Uma bola é retirada ao acaso de uma urna que contém 6 bolas vermelhas, 8 pretas e 4 verdes. Determinar a probabilidade dessa bola:

   a) Não ser preta.   b) Não ser verde.   c) Ser vermelha.

4) Uma universidade irá oferecer uma bolsa de pesquisa, por meio de um sorteio, para um dos alunos dos cursos de engenharia. Sabendo-se que se inscreveram 22 alunos do curso de Engenharia de Produção, 14 de Engenharia Elétrica, 9 de Engenharia da Computação, 18 de Engenharia Civil, 10 de Engenharia Química e 7 de Engenharia Ambiental, determinar a probabilidade de que o aluno sorteado:

a) Seja do curso de Engenharia de Produção.

b) Seja do curso de Engenharia Química ou Ambiental.

c) Não seja do curso de Engenharia Elétrica.

d) Não seja do curso de Engenharia Civil e nem de Engenharia da Computação.

5) Três máquinas A, B e C produzem componentes eletrônicos com as seguintes probabilidades de serem defeituosos: 1/5, 1/3 e 1/6, respectivamente. Um engenheiro de computação retira, para inspeção, um componente de cada máquina. Determinar a probabilidade de que:

a) Os três componentes sejam perfeitos.

b) Pelo menos um dos componentes seja defeituoso.

6) Retiram-se duas bolas de uma caixa que contém 2 brancas e 3 pretas. Determinar a probabilidade da 1ª bola ser branca e a 2ª preta, sendo:

a) Com reposição.

b) Sem reposição.

7) Arremessando-se dois dados para o ar, determinar a probabilidade de:

a) Obter soma das faces dos dois dados igual a 8.

b) Obter soma das faces igual a 7 ou 11.

8) Numa caixa há 20 peças, sendo 12 boas e 8 defeituosas. Noutra caixa há 15 peças, sendo 10 boas e 5 defeituosas. Tirando ao acaso uma peça de cada caixa, qual é a probabilidade de que:

a) A peça retirada da primeira caixa seja boa e a da segunda seja defeituosa?

e) Ambas sejam boas ou defeituosas?

b) A peça tirada da primeira caixa seja defeituosa e a da segunda seja boa?

f) A peça da segunda caixa seja defeituosa?

c) Ambas sejam boas?

g) Uma peça seja boa e a outra defeituosa?

d) Ambas sejam defeituosas?

h) Pelo menos uma peça seja boa?

9) Num sorteio de números de 1 a 100, determinar a probabilidade de que o número sorteado:

a) Tenha dois algarismos iguais.

c) Tenha dois algarismos distintos.

b) Seja um número de dois algarismos e que os mesmos sejam iguais.

d) Seja um número de dois algarismos e que os mesmos sejam distintos.

10) Lançando-se um dado duas vezes sucessivas, determinar a probabilidade de:

a) Sair nº 6 nas duas jogadas.

d) Não sair nº 6 na primeira jogada e sair nº 6 na segunda.

b) Não sair nº 6 em nenhuma jogada.

e) Sair nº 6 em apenas uma das jogadas.

c) Sair nº 6 na primeira jogada e não sair nº 6 na segunda.

f) Sair pelo menos um nº 6 nas duas jogadas.

11) Um engenheiro de segurança de certa empresa separou todos os registros de acidentes ocorridos em determinado período. A tabela abaixo apresenta esses resultados, em porcentagem, referentes aos tipos de acidentes e respectivos turnos de trabalho em que os mesmos ocorreram:

Turno	Falha humana	Falha de equipamento	Outros motivos
Matutino	4%	20%	7%
Vespertino	6%	16%	12%
Noturno	5%	22%	8%

Se ele escolher aleatoriamente um desses registros para verificar o tipo de acidente, determinar a probabilidade de que o acidente tenha ocorrido:

a) No turno noturno.

b) Por falha humana.

c) Por falha de equipamento.

d) No turno vespertino ou noturno.

e) No turno matutino e por outros motivos.

f) No turno vespertino e por falha de equipamento.

12) Para classificar o tipo de durabilidade de certo tipo de bateria para telefones celulares, um engenheiro de produção escolheu aleatoriamente uma amostra composta de 100 unidades. A tabela abaixo apresenta os resultados obtidos:

Durabilidade	Quantidade
Péssima	7
Ruim	17
Regular	43
Boa	22
Excelente	11

Se ele escolher aleatoriamente uma dessas baterias testadas para ver que tipo de durabilidade teve, determinar a probabilidade de que tenha tido uma durabilidade:

a) Boa.

b) Nem boa e nem excelente.

c) Não excelente.

d) Péssima ou ruim.

e) Regular ou excelente.

f) Regular ou melhor.

Respostas:

1) 247/300 = 0,823 (82,3%);

2) a) 0,01 (1%); b) 0,91 (91%); c) 0,28 (28%); d) 0,04 (4%);

3) a) 5/9 = 0,556 (55,6%); b) 7/9 = 0,778 (77,8%); c) 1/3 = 0,333 (33,3%);

4) a) 11/40 = 0,275 (27,5%); b) 17/80 = 0,212 (21,2%); c) 33/40 = 0,825 (82,5%); d) 53/80 = 0,662 (66,2%);

5) a) 4/9 (44,4%); b) 5/9 (55,6%);

6) a) 6/25 = 0,24 (24%); b) 3/10 = 0,30 (30%);

7) a) 5/36 = 0,139 (13,9%); b) 2/9 = 0,222 (22,2%);

8) a) 1/5 = 0,20 (20%); b) 4/15 = 0,267 (26,7%); c) 2/5 = 0,40 (40%); d) 2/15 = 0,133 (13,3%); e) 8/15 = 0,533 (53,3%); f) 1/3 = 0,333 (33,3%); g) 7/15 = 0,467 (46,7%); h) 13/15 = 0,867 (86,7%);

9) a) 1/10 = 0,10 (10%); b) 9/100 = 0,09 (9%); c) 41/50 = 0,82 (82%); d) 81/100 = 0,81 (81%);

10) a) 1/36 = 0,0278 (2,78%); b) 25/36 = 0,694 (69,4%); c) 5/36 = 0,139 (13,9%); d) 5/36 = 0,139 (13,9%); e) 5/18 = 0,278 (27,8%); f) 11/36 = 0,306 (30,6%);

11) a) 35%; b) 15%; c) 58%; d) 69%; e) 7%; f) 16%;

12) a) 11/50 = 0,22 (22%); b) 67/100 = 0,67 (67%); c) 89/100 = 0,89 (89%); d) 6/25 = 0,24 (24%); e) 27/50 = 0,54 (54%); f) 19/25 = 0,76 (76%).

7

Análise combinatória

Quando estudamos as distribuições de probabilidades, precisamos aplicar os conceitos da Análise Combinatória, que é a parte da Matemática que visa desenvolver técnicas que permitem obter o número de resultados possíveis de um determinado acontecimento (evento), ou o número de elementos de um conjunto, sendo um importante instrumento para a Engenharia, a Estatística etc.

7.1 Princípio fundamental da contagem

Se um acontecimento pode ocorrer por várias etapas sucessivas e independentes, de tal modo que:

n_1 é o número de possibilidades da 1ª etapa

n_2 é o número de possibilidades da 2ª etapa

⋮

n_k é o número de possibilidades da k-ésima etapa

então, o número total de possibilidades do acontecimento ocorrer é dado pelo produto dos números de possibilidades de cada etapa, isto é, $n_1 \cdot n_2 \cdot ... \cdot n_k$.

Exemplo: Uma universidade pretende montar uma comissão que terá um professor, um funcionário e um aluno, para desenvolver determinado projeto de pesquisa. Candidataram-se 3 professores (P_1, P_2 e P_3), 4 funcionários (F_1, F_2, F_3 e F_4) e 2 alunos (A_1 e A_2). De quantos modos poderá ser formada essa comissão?

Solução: Sendo $n_1 = 3$ (número de professores), $n_2 = 4$ (número de funcionários) e $n_3 = 2$ (número de alunos), o total (n) de modos pelos quais essa comissão poderá ser formada é: $n_1 \cdot n_2 \cdot n_3 = 3 \cdot 4 \cdot 2 = 24$ modos.

Uma forma de visualizarmos todos esses 24 modos é através do **Diagrama da Árvore** (ou diagrama sequencial) assim representado:

7.2 Fatorial

Sendo n um número natural maior que 1, define-se **fatorial** de n, e indica-se por $n!$ (lê-se: "**n fatorial**" ou "**fatorial de n**") a expressão: $n! = n \cdot (n-1) \cdot (n-2) \cdot \ldots \cdot 3 \cdot 2 \cdot 1$.

Definições especiais: $\begin{cases} 0! = 1 \\ 1! = 1 \end{cases}$

Exemplos

1) $3! = 3 \cdot 2 \cdot 1 = 6$;
2) $5! = 5 \cdot 4 \cdot 3 \cdot 2 \cdot 1 = 120$;
3) $7! = 7 \cdot 6 \cdot 5 \cdot 4 \cdot 3 \cdot 2 \cdot 1 = 5040$;
4) $10! = 10 \cdot 9 \cdot 8 \cdot 7 \cdot 6 \cdot 5 \cdot 4 \cdot 3 \cdot 2 \cdot 1 = 3628800$.

7.3 Arranjos simples

Chamam-se **arranjos simples** todos os agrupamentos de x elementos, ***todos distintos***, que podemos formar com n elementos ***distintos***, sendo ***x* ≤ *n***. Cada um desses agrupamentos se diferencia do outro pela ordem ou natureza de seus elementos.

A fórmula é: $\boxed{A_{n,x} = \dfrac{n!}{(n-x)!}}$. Lê-se: "**arranjo simples** de ***n*** elementos tomados *x* a *x*"

Exemplos

1) Quantos números de 2 algarismos distintos podemos formar com os algarismos 1, 2, 3, 4 e 5?

   Solução: $A_{5,2} = \dfrac{5!}{(5-2)!} = \dfrac{5 \cdot 4 \cdot \cancel{3!}}{\cancel{3!}} = 5 \cdot 4 = 20$. Assim, podemos formar 20 números de 2 algarismos.

   São eles:

1º número	12		11º número	34
2º número	13		12º número	35
3º número	14		13º número	41
4º número	15		14º número	42
5º número	21		15º número	43
6º número	23		16º número	45
7º número	24		17º número	51
8º número	25		18º número	52
9º número	31		19º número	53
10º número	32		20º número	54

2) Quantos anagramas de 3 letras distintas podemos formar com as letras A, B, C, D, E, F, G e H?

   Solução: $A_{8,3} = \dfrac{8!}{(8-3)!} = \dfrac{8 \cdot 7 \cdot 6 \cdot \cancel{5!}}{\cancel{5!}} = 8 \cdot 7 \cdot 6 = 336$. Logo, podemos formar 336 anagramas.

7.4 Permutação simples

Permutação simples de n elementos distintos é qualquer agrupamento ordenado, **sem repetição**, em que entram **todos** os elementos de cada grupo, isto é,

$$P(n) = n! = n \cdot (n-1) \cdot (n-2) \cdot \ldots \cdot 3 \cdot 2 \cdot 1$$

Exemplos

1) De quantos modos distintos podemos colocar 3 automóveis em uma garagem com capacidade para 3 automóveis?

    Solução: $P(n) = 3! = 3 \cdot 2 \cdot 1 = 6$, ou seja, temos 6 modos diferentes de estacionar esses 3 automóveis na garagem.

    De fato, representando os 3 automóveis por A, B e C, eles podem ficar dispostos dos seis seguintes modos na garagem: ABC, ACB, BAC, BCA, CAB e CBA.

	GARAGEM		
1º modo:	A	B	C
2º modo:	A	C	B
3º modo:	B	A	C
4º modo:	B	C	A
5º modo:	C	A	B
6º modo:	C	B	A

2) Quantos anagramas podemos formar com as letras da palavra **UNISO**?

    Solução: $P(5) = 5! = 5 \cdot 4 \cdot 3 \cdot 2 \cdot 1 = 120$ anagramas.

3) Deseja-se dispor 5 homens e 4 mulheres em fila, de modo que as mulheres ocupem os lugares pares. Quantos são os modos possíveis?

    Solução: $P = P(5) \cdot P(4) = 5! \cdot 4! = 120 \cdot 24 = 2880$ modos diferentes.

7.5 Combinação simples

Chamam-se **combinações simples** (ou **números binomiais**) todos os agrupamentos simples de x elementos que podemos formar com n elementos distintos, sendo $x \leq n$. Cada um desses agrupamentos se diferencia de outro apenas pela natureza de seus elementos.

A **fórmula** é: $\boxed{C_{n,x} = \binom{n}{x} = \dfrac{n!}{x! \cdot (n-x)!}}$. Lê-se: "**combinação simples** de n elementos tomados x a x"

Obs.: $\boxed{C_{n,x} = \binom{n}{x}}$ onde, $\binom{n}{x}$ é o **número binomial de n sobre x**

Exemplos

1) Quantas comissões (combinações simples) de dois alunos que podemos formar com três alunos: Antonio, Benedito e Carla?

Solução: $\binom{3}{2} = \dfrac{3!}{2! \cdot (3-2)!} = \dfrac{3!}{2! \cdot 1!} = \dfrac{3 \cdot 2 \cdot 1}{2 \cdot 1 \cdot 1} = 3 \Rightarrow \binom{3}{2} = 3$ combinações, ou seja, são 3 comissões que podem ser assim constituídas:

1ª comissão: Antonio e Benedito

2ª comissão: Antonio e Carla

3ª comissão: Benedito e Carla

Note que, na 1ª comissão, se trocarmos a ordem dos dois alunos, ela será constituída por Benedito e Antonio, mas essa "nova" comissão continuará sendo a mesma, pois em uma combinação, os agrupamentos se diferem pela natureza e não pela ordem, como ocorre nos arranjos simples.

ATENÇÃO

NÃO representar o número binomial $\binom{3}{2}$ por $\left(\dfrac{3}{2}\right)$: esse traço de fração entre o 3 e o 2 NÃO EXISTE!!

2) Uma lanchonete utiliza as seguintes frutas para preparar os sucos para seus clientes:

A (Abacate), B (Banana), L (Laranja), M (Maçã) e P (Pera). Se um cliente quiser tomar um suco que tenha três frutas diferentes, quantas opções ele terá?

Solução: Como $\binom{5}{3} = \frac{5!}{3! \cdot (5-3)!} = \frac{5!}{3! \cdot 2!} = \frac{5 \cdot 4 \cdot 3 \cdot 2 \cdot 1}{(3 \cdot 2 \cdot 1) \cdot (2 \cdot 1)} = 10$ combinações, então, com essas 5 frutas, a lanchonete pode preparar 10 tipos diferentes de sucos utilizando 3 frutas (diferentes) de cada vez. Esses 10 sucos são:

1º suco:	**ABL**	(**A**bacate, **B**anana e **L**aranja)
2º suco:	**ABM**	(**A**bacate, **B**anana e **M**açã)
3º suco:	**ABP**	(**A**bacate, **B**anana e **P**era)
4º suco:	**ALM**	(**A**bacate, **L**aranja e **M**açã)
5º suco:	**ALP**	(**A**bacate, **L**aranja e **P**era)
6º suco:	**AMP**	(**A**bacate, **M**açã e **P**era)
7º suco:	**BLM**	(**B**anana, **L**aranja e **M**açã)
8º suco:	**BLP**	(**B**anana, **L**aranja e **P**era)
9º suco:	**BMP**	(**B**anana, **M**açã e **P**era)
10º suco:	**LMP**	(**L**aranja, **M**açã e **P**era)

3) Calcular: $\binom{8}{3}$

Solução:

1º modo:

$$\binom{8}{3} = \frac{8!}{3! \cdot (8-3)!} = \frac{8!}{3! \cdot 5!} = \frac{8 \cdot 7 \cdot 6 \cdot 5 \cdot 4 \cdot 3 \cdot 2 \cdot 1}{(3 \cdot 2 \cdot 1) \cdot (5 \cdot 4 \cdot 3 \cdot 2 \cdot 1)} = \frac{40320}{6 \cdot 120} = \frac{40320}{720} = 56$$

2º modo:

$$\binom{8}{3} = \frac{8!}{3! \cdot (8-3)!} = \frac{8!}{3! \cdot 5!} = \frac{8 \cdot 7 \cdot 6 \cdot \cancel{5!}}{3 \cdot 2 \cdot 1 \cdot \cancel{5!}} = \frac{336}{6} = 56$$

3º modo (PRÁTICO):

$$\binom{8}{3} = \frac{8 \cdot 7 \cdot 6}{3 \cdot 2 \cdot 1} = \frac{336}{6} = 56 \quad \text{ou} \quad \binom{8}{3} = \frac{8 \cdot 7 \cdot \cancel{6}}{\cancel{3} \cdot \cancel{2} \cdot 1} = 56$$

Procedimento: Como o valor na parte inferior dos parênteses do número binomial é **3**, basta colocar no **numerador** do cálculo da fração **3 fatores em ordem decrescente**, começando pelo número 8, que é o valor que está na parte superior dos parênteses do número binomial, ou seja, colocar o produto: **8·7·6 = 336**, e no **denominador** da fração colocar o **3! = 3·2·1 = 6**.

4) Calcular: $\binom{10}{4}$

Solução: Pelo **modo prático**, temos:

$$\binom{10}{4} = \frac{10 \cdot 9 \cdot 8 \cdot 7}{4 \cdot 3 \cdot 2 \cdot 1} = \frac{5040}{24} = 210$$

5) Calcular: $\binom{12}{9}$

Solução: Pelo **modo prático**, temos:

$$\binom{12}{9} = \frac{12 \cdot 11 \cdot 10 \cdot \cancel{9} \cdot \cancel{8} \cdot \cancel{7} \cdot \cancel{6} \cdot \cancel{5} \cdot \cancel{4}}{\cancel{9} \cdot \cancel{8} \cdot \cancel{7} \cdot \cancel{6} \cdot \cancel{5} \cdot \cancel{4} \cdot 3 \cdot 2 \cdot 1} = \frac{12 \cdot 11 \cdot 10}{3 \cdot 2 \cdot 1} = 220$$

6) Calcular: $\binom{12}{3}$

Solução: Pelo **modo prático**, temos:

$$\binom{12}{3} = \frac{12 \cdot 11 \cdot 10}{3 \cdot 2 \cdot 1} = 220$$

7.6 Combinações complementares

Note que a coincidência nos resultados dos exemplos 5 e 6: $\binom{n=12}{x_1=9}$ e $\binom{n=12}{x_2=3}$ não é por acaso; eles são chamados de **COMBINAÇÕES COMPLEMENTARES** (ou números binomiais complementares), pois a soma de x_1 e x_2 é igual a n, isto é, $x_1 + x_2 = 9 + 3 = 12 = n$.

7) Calcular: $\binom{100}{98}$

Solução: Como $\binom{100}{98}$ e $\binom{100}{2}$ são iguais, pois são números binomiais complementares, é bem mais prático calcular o segundo número binomial, ou seja:

$$\binom{100}{98} = \binom{100}{2} = \frac{100 \cdot 99}{2 \cdot 1} = 4950$$

8) Calcular: $\binom{5}{0}$

Solução: Pela fórmula do número binomial, temos: $\binom{5}{0} = \frac{5!}{0! \cdot (5-0)!} = \frac{\cancel{5!}}{1 \cdot \cancel{5!}} = 1$

Obs.: Note que $\binom{5}{0} = \binom{5}{5}$, pois são números binomiais complementares.

De um **modo geral**, temos:

a) $\binom{n}{0} = \binom{n}{n} = 1$

De fato,

$$\binom{n}{0} = \frac{n!}{0! \cdot (n-0)!} = \frac{\cancel{n!}}{1 \cdot \cancel{n!}} = 1 \quad \text{e} \quad \binom{n}{n} = \frac{n!}{n! \cdot (n-n)!} = \frac{\cancel{n!}}{\cancel{n!} \cdot 0!} = \frac{1}{1 \cdot 1} = 1$$

b) $\binom{n}{1} = n$

De fato,

$$\binom{n}{1} = \frac{n!}{1! \cdot (n-1)!} = \frac{n \cdot (n-1)!}{1 \cdot (n-1)!} = \frac{n}{1} = n$$

Exercícios

Resolver:

1) $\binom{9}{4} =$

2) $\binom{11}{2} =$

3) $\binom{10}{3} =$

4) $\binom{13}{10} =$

5) $\binom{25}{4} =$

6) $\binom{7}{6} =$

7) $\binom{8}{1} =$

8) $\binom{4}{4} =$

9) $\binom{3}{0} =$

10) $\binom{16}{6} =$

11) $\binom{40}{5} =$

12) $\binom{32}{29} =$

13) $\binom{80}{73} =$

14) $\binom{50}{48} =$

15) $\binom{60}{7} =$

16) $\binom{5}{2,5} =$

Respostas:

1) 126;   **2)** 55;   **3)** 120;   **4)** 286;   **5)** 12650;   **6)** 7;   **7)** 8;   **8)** 1;   **9)** 1;   **10)** 8008;
11) 658008;   **12)** 4960;   **13)** 3176716400;   **14)** 1225;   **15)** 386206920;
16) Não é definido, pois 2,5 não é número natural.

8

Distribuições de probabilidades

Uma **distribuição de probabilidades** nos dá a probabilidade de cada valor de uma variável aleatória.

Variável aleatória: É uma função que associa a cada elemento do espaço amostral um número real.

As distribuições de probabilidades se dividem em duas partes:

1ª) **Distribuição discreta (ou descontínua) de probabilidades** – é quando uma distribuição envolve variáveis aleatórias relativas a dados que podem ser contados. Destacamos como distribuição **discreta** de probabilidades: a **binomial**, a **hipergeométrica** e a de **Poisson**.

2ª) **Distribuição contínua de probabilidades** – é quando uma distribuição envolve variáveis aleatórias que apresentam um grande número de resultados possíveis. Destacamos como distribuição **contínua** de probabilidades: a distribuição **uniforme**, a **exponencial** e a **normal** (ou de **Gauss**).

8.1 Distribuições discretas de probabilidades

8.1.1 Distribuição binomial

A distribuição binomial é uma distribuição discreta de probabilidades, aplicável sempre que o processo de amostragem é do tipo de Bernoulli.

Um processo é de **Bernoulli** quando:

a) só existem dois resultados (sucesso e fracasso);
b) os eventos são independentes;
c) a probabilidade de sucesso é constante de tentativa para tentativa.

A distribuição binomial é utilizada para eventos COM reposição (ou repetição).

A **fórmula geral da probabilidade binomial** é dada por: $P(x) = \binom{n}{x} = \cdot p^x \cdot q^{n-x}$

onde,

x = número de sucessos, em n tentativas

$n - x$ = número de fracassos, em n tentativas

p = probabilidade de **sucesso** em uma tentativa

q = probabilidade de **fracasso** nessa tentativa (lembrete: $q = 1 - p$)

$\binom{n}{x}$ = número de resultados experimentais que fornecem exatamente x sucessos em n ensaios (em Matemática, chamamos de *combinação simples* ou *número binomial*)

REGRA DO ARREDONDAMENTO (distribuição binominal)

O resultado de uma probabilidade, na forma decimal, deve ser arredondado para **três dígitos significativos**.

Exemplos

1) Jogando-se 5 moedas para o ar, determinar a probabilidade de se obter 3 caras (e 2 coroas).

Solução: Pela fórmula da distribuição binomial: $P(x) = \binom{n}{x} \cdot p^x \cdot q^{n-x}$, para $n = 5, x = 3$ e $p = q = \dfrac{1}{2}$ temos:

$$P(x) = \binom{n}{x} \cdot p^x \cdot q^{n-x} \Rightarrow P(x = 3) = \binom{5}{3} \cdot \left(\dfrac{1}{2}\right)^3 \cdot \left(\dfrac{1}{2}\right)^2$$

Como

$$\binom{5}{3} = \frac{5 \cdot 4 \cdot 3}{3 \cdot 2 \cdot 1} = 10, \text{ então } P(x = 3) = 10 \cdot \frac{1}{8} \cdot \frac{1}{4} = \frac{10}{32} = \frac{5}{16} = 0,3125 \Rightarrow$$

$$\boxed{P(x = 3) = \frac{5}{16} = 0,312 \ (31,2\%)}$$

2) Numa caixa têm-se 20 peças boas e 7 defeituosas. Retirando-se 6 peças dessa caixa, com reposição, determinar a probabilidade de se obter 4 peças boas.

Solução: Pela fórmula da distribuição binomial, temos:

$$P(x = 4) = \binom{6}{4} \cdot \left(\frac{20}{27}\right)^4 \cdot \left(\frac{7}{27}\right)^2$$

Como

$$\binom{6}{4} = \binom{6}{2} = \frac{6 \cdot 5}{2 \cdot 1} = 15, \text{ então } P(x = 4) = 15 \cdot 0,301068 \cdot 0,067215 \Rightarrow$$

$$\boxed{P(x = 4) = 0,304 \ (30,4\%)}$$

Observações:
a) Para **padronizarmos** o processo de cálculo nos nossos **exemplos** e **exercícios**, cada um dos **fatores intermediários** deve ser arredondado para **seis casas decimais**.
b) Caso o fator apresente uma **grande quantidade de zeros**, aumentar a quantidade de casas decimais até que tenhamos **dois algarismos significativos**.
Exemplo: Um fator do tipo: **0,0000003176...** deve ser arredondado para **0,00000032**.

---

3) Num determinado processo de fabricação, 15% das peças são consideradas defeituosas. As peças são acondicionadas em caixas com 7 unidades cada uma.

a) Qual é a probabilidade de haver exatamente 4 peças defeituosas em uma caixa qualquer?

Solução:
$$P(x = 4) = \binom{7}{4} \cdot (0,15)^4 \cdot (0,85)^3$$

Como $\binom{7}{4} = \dfrac{7 \cdot 6 \cdot 5 \cdot 4}{4 \cdot 3 \cdot 2 \cdot 1} = 35$, temos:

$$P(x = 4) = 35 \cdot 0,000506 \cdot 0,614125 \Rightarrow$$

$$\boxed{P(x = 4) = 0,0109 \; (1,09\%)}$$

Obs.: Quando a informação vem em forma de **porcentagem ou de proporção**, devemos utilizar a **Distribuição Binomial** para calcular a probabilidade desejada.

b) Qual é a probabilidade de haver 2 ou menos peças defeituosas em uma caixa qualquer?

Solução: Dizer que em uma caixa existem 2 ou menos peças defeituosas significa dizer que nessa caixa podem existir 2 peças defeituosas, **ou** apenas uma peça defeituosa, **ou** nenhuma peça defeituosa. Assim sendo, precisamos calcular essas três probabilidades separadamente, e a probabilidade desejada será a **soma** desses três resultados.

Essas **três probabilidades** são:

P_0 = **probabilidade de não haver nenhuma peça defeituosa em uma caixa**, isto é:

$$P_0 = P(x = 0) = \binom{7}{0} \cdot (0,15)^0 \cdot (0,85)^7 = 1 \cdot 1 \cdot 0,320577 = 0,321 \; (32,1\%)$$

P_1 = **probabilidade de haver somente uma peça defeituosa em uma caixa**, isto é:

$$P_1 = P(x = 1) = \binom{7}{1} \cdot (0,15)^1 \cdot (0,85)^6 = 7 \cdot 0,15 \cdot 0,377150 = 0,396 \; (39,6\%)$$

P_2 = **probabilidade de haver exatamente duas peças defeituosas em uma caixa**, isto é:

$$P_2 = P(x = 2) = \binom{7}{2} \cdot (0,15)^2 \cdot (0,85)^5 = 21 \cdot 0,0225 \cdot 0,443705 = 0,210 \; (21\%)$$

Logo, a probabilidade de haver duas ou menos peças defeituosas em uma caixa qualquer é:

$P(x \le 2) = P(x = 0) + P(x = 1) + P(x = 2) = 0{,}321 + 0{,}396 + 0{,}210 \Rightarrow$

$\boxed{P(x \le 2) = 0{,}927\ (92{,}7\%)}$

c) Qual é a probabilidade de haver mais de uma peça defeituosa em uma caixa qualquer?

1º Modo: Como queremos que haja mais de uma peça defeituosa numa caixa, isto significa dizer que nessa caixa podem existir 2, ou 3, ou 4, ou 5, ou 6, ou 7 peças defeituosas, logo precisamos calcular a probabilidade de cada um desses 6 eventos e somar todos esses resultados para encontrar a probabilidade desejada, isto é, $\boxed{P(x > 1) = P(x = 2) + P(x = 3) + P(x = 4) + P(x = 5) + P(x = 6) + P(x = 7)}$

2º Modo: Como o cálculo do 1º modo é bastante trabalhoso, podemos utilizar o **evento complementar**, pois **não queremos** que nessa caixa haja apenas uma peça defeituosa e, também, **não queremos** que nessa caixa não tenha nenhuma peça defeituosa. Assim, podemos utilizar as probabilidades $P_0 = 0{,}321$ e $P_1 = 0{,}396$ calculadas na **letra (b)** e subtrairmos de 1 (100%), ou seja:

$P(x > 1) = 1 - [P(x = 0) + P(x = 1)] = 1 - P(x = 0) - P(x = 1) = 1 - 0{,}321 - 0{,}396 \Rightarrow$

$\boxed{P(x > 1) = 0{,}283\ (28{,}3\%)}$

Exercícios

1) Numa caixa têm-se 30 peças boas e 10 defeituosas. Se um engenheiro de produção retirar sucessivamente 6 peças dessa caixa, com reposição, determinar a probabilidade de ele obter 4 peças boas.

2) A engenheira civil responsável pela segurança de uma construtora afirma que 10% de todos os trabalhadores não usam capacetes enquanto trabalham. Escolhendo-se

aleatoriamente 4 trabalhadores dessa empresa, determinar a probabilidade de que 3 deles estejam usando capacetes enquanto trabalham.

3) Jogando-se 10 moedas para o ar, determinar a probabilidade de se obter:

a) Oito caras.

b) Cinco caras.

c) Uma cara.

d) Nenhuma cara.

e) Menos de duas caras.

f) Mais de uma cara.

4) A probabilidade de que um componente eletrônico utilizado em certo tipo de equipamento suportará determinada voltagem é de 60%. Se um engenheiro de controle e automação escolher aleatoriamente cinco componentes desse tipo da produção, calcular a probabilidade de que dois deles não suportem essa voltagem.

5) Lançando-se um dado 3 vezes, qual é a probabilidade de se obter a face 5 em exatamente 2 lançamentos?

6) Uma máquina produziu um lote com 60 peças das quais 10 são consideradas defeituosas. Se um engenheiro de produção retirar, com reposição, uma amostra de 8 peças dessa máquina para inspeção, determinar a probabilidade de ele encontrar:

a) 2 peças defeituosas.

b) 2 ou menos peças defeituosas.

7) Em certa região agrícola, admite-se que existe uma impureza de 30% dos poços causada pelo uso de fertilizantes nas plantações. Um engenheiro agrícola escolhe aleatoriamente dez poços dessa região para serem testados. Determinar a probabilidade de que:

a) Exatamente três poços tenham impurezas.

b) Nenhum poço tenha impurezas.

8) Um engenheiro ambiental considera que, em certa metrópole, a probabilidade de que exista determinado poluente orgânico no ar é de 10%. Retirando-se aleatoriamente 12 amostras de ar dessa metrópole, calcular a probabilidade de que esse poluente apareça em 3 delas.

9) Alguns meses após a entrega das chaves das casas vendidas por uma construtora, o engenheiro civil envia uma carta aos proprietários para saber o grau de satisfação em relação ao bem adquirido, cujas respostas, historicamente, têm uma taxa de retorno de 8%. Se esse engenheiro selecionar aleatoriamente 20 clientes dessa construtora, determinar as probabilidades dos seguintes eventos:

a) Nenhum cliente responde.

b) Dois clientes respondem.

c) Seis clientes respondem.

d) Menos de três clientes respondem.

Respostas:

1) 0,297 (29,7%);
2) 0,292 (29,2%);
3) a) 0,0439 (4,39%); b) 0,246 (24,6%); c) 0,00977 (0,977%); d) 0,000977 (0,0977%); e) 0,0107 (1,07%); f) 0,989 (98,9%);
4) 0,346 (34,6%);
5) 5/72 = 0,0694 (6,94%);
6) a) 0,260 (26%); b) 0,865 (86,5%);
7) a) 0,267 (26,7%); b) 0,0282 (2,82%);
8) 0,0852 (8,52%);
9) a) 0,189 (18,9%); b) 0,271 (27,1%); c) 0,00314 (0,314%); d) 0,788 (78,8%).

8.1.2 Distribuição hipergeométrica

A distribuição hipergeométrica é uma distribuição discreta de probabilidades, aplicável para uma população finita, quando os eventos não são independentes.

> A distribuição hipergeométrica é utilizada para eventos SEM reposição (ou repetição).

Assim, pela **distribuição hipergeométrica**, a probabilidade de x sucessos em n escolhas de um total de N elementos da população, é dada por:

$$P(x = n_1) = \frac{\binom{N_1}{n_1} \cdot \binom{N_2}{n_2}}{\binom{N}{n}}$$

onde,

N = Número de elementos da população
N_1 = Número de elementos da população rotulados de sucesso $\quad N = N_1 + N_2$
N_2 = Número de elementos da população rotulados de fracasso

n = Nº total de escolhas que serão realizadas
n_1 = Nº de sucessos pretendidos em n escolhas $\quad n = n_1 + n_2$
n_2 = Nº de fracassos pretendidos em n escolhas

REGRA DO ARREDONDAMENTO (distribuição hipergeométrica)

O resultado de uma probabilidade, na forma decimal, deve ser arredondado para **três dígitos significativos**.

Exemplos

1) Sabe-se que em determinada caixa com 10 lâmpadas, 2 são defeituosas. Se um engenheiro eletricista extrair uma amostra de 4 lâmpadas dessa caixa, sem reposição, calcular a probabilidade de ele obter:

a) 1 lâmpada defeituosa.

   Solução:
   $N = 10$ (total de lâmpadas existentes na caixa)
   $N_1 = 8$ (número de lâmpadas boas existentes na caixa)
   $N_2 = 2$ (número de lâmpadas defeituosas existentes na caixa)
   $n = 4$ (total de lâmpadas que o engenheiro irá retirar da caixa)
   $n_1 = 3$ (total de lâmpadas boas que o engenheiro pretende retirar da caixa)

$n_2 = 1$ (total de lâmpadas defeituosas que o engenheiro pretende retirar da caixa)

$$P_1 = P(x = n_2 = 1) = \frac{\binom{N_1}{n_1} \cdot \binom{N_2}{n_2}}{\binom{N}{n}} = \frac{\binom{8}{3} \cdot \binom{2}{1}}{\binom{10}{4}} = \frac{\frac{8 \cdot 7 \cdot 6}{3 \cdot 2 \cdot 1} \cdot \frac{2}{1}}{\frac{10 \cdot 9 \cdot 8 \cdot 7}{4 \cdot 3 \cdot 2 \cdot 1}} =$$

$$= \frac{56 \cdot 2}{210} = \frac{112}{210} = 0{,}533 \ (53{,}3\%)$$

b) Nenhuma lâmpada defeituosa.

Solução:

$$P_0 = P(x = 0) = \frac{\binom{8}{4} \cdot \binom{2}{0}}{\binom{10}{4}} = \frac{\frac{8 \cdot 7 \cdot 6 \cdot 5}{4 \cdot 3 \cdot 2 \cdot 1} \cdot 1}{\frac{10 \cdot 9 \cdot 8 \cdot 7}{4 \cdot 3 \cdot 2 \cdot 1}} = \frac{70}{210} = 0{,}333 \ (33{,}3\%)$$

c) 1 ou menos lâmpada defeituosa.

Solução: $P(x \leq 1) = P_0 + P_1 = 0{,}333 + 0{,}533 = 0{,}866 \ (86{,}6\%)$

2) Uma caixa contém 50 peças boas e 10 defeituosas. Se um engenheiro de produção retirar, sem reposição, uma amostra de 5 peças dessa caixa para inspeção, determinar a probabilidade de ele encontrar 3 peças boas.

Solução:

$N = 60$ (total de peças existentes na caixa)
$N_1 = 50$ (número de peças boas existentes na caixa)
$N_2 = 10$ (número de peças defeituosas existentes na caixa)
$n = 5$ (total de peças que o engenheiro irá retirar da caixa)
$n_1 = 3$ (total de peças boas que o engenheiro pretende retirar da caixa)
$n_2 = 2$ (total de peças defeituosas que o engenheiro pretende retirar da caixa)

$$P(x = 3) = \frac{\binom{50}{3} \cdot \binom{10}{2}}{\binom{60}{5}} = \frac{\frac{50 \cdot 49 \cdot 48}{3 \cdot 2 \cdot 1} \cdot \frac{10 \cdot 9}{2 \cdot 1}}{\frac{60 \cdot 59 \cdot 58 \cdot 57 \cdot 56}{5 \cdot 4 \cdot 3 \cdot 2 \cdot 1}} = \frac{19600 \cdot 45}{5461512} =$$

$$= \frac{882000}{5461512} = 0{,}161 \ (16{,}1\%)$$

3) Certa indústria adquiriu um novo modelo de máquina mais moderna e eficiente para substituir as antigas. A engenheira mecânica, responsável pelo setor, selecionou 40 funcionários que estavam tendo dificuldade em operar essa nova máquina e proporcionou-lhes um curso de treinamento, e foi informada pelo instrutor que apenas 28 deles apresentaram um resultado satisfatório nesse treinamento. Se a engenheira escolher aleatoriamente 7 desses 40 funcionários para uma verificação do seu desempenho, determinar a probabilidade de que 5 deles sejam os que tenham apresentado uma melhora na sua produtividade devido ao treinamento.

Solução:

$$P(x = 5) = \frac{\binom{28}{5} \cdot \binom{12}{2}}{\binom{40}{7}} = \frac{\frac{28 \cdot 27 \cdot 26 \cdot 25 \cdot 24}{5 \cdot 4 \cdot 3 \cdot 2 \cdot 1} \cdot \frac{12 \cdot 11}{2 \cdot 1}}{\frac{40 \cdot 39 \cdot 38 \cdot 37 \cdot 36 \cdot 35 \cdot 34}{7 \cdot 6 \cdot 5 \cdot 4 \cdot 3 \cdot 2 \cdot 1}} = \frac{98280 \cdot 66}{18643560} =$$

$$= \frac{6486480}{18643560} = 0{,}348 \ (34{,}8\%)$$

4) Um fabricante de componentes eletrônicos acondiciona o seu produto em caixas com 50 unidades cada. O engenheiro responsável pela qualidade do produto examina cada caixa antes de enviá-la aos seus clientes, testando 5 componentes, escolhidos aleatoriamente. Se nenhum componente eletrônico da caixa for defeituoso, a caixa é aprovada e enviada ao cliente, mas se pelo menos um deles for defeituoso, todos os 50 componentes da caixa são testados. Sabendo que em determinada caixa a ser examinada existem 6 componentes defeituosos, calcular a probabilidade de que seja necessário examinar todos os componentes dessa caixa.

Solução: $P(x \geq 1) = P(x = 1) + P(x = 2) + P(x = 3) + P(x = 4) + P(x = 5)$ **ou**

$\boxed{P(x \geq 1) = 1 - P(x = 0)}$

Calculando $P(x = 0)$, que é a probabilidade de não haver nenhum componente eletrônico defeituoso nessa caixa, temos:

$$P(x = 0) = \frac{\binom{6}{0} \cdot \binom{44}{5}}{\binom{50}{5}} = \frac{1 \cdot \frac{44 \cdot 43 \cdot 42 \cdot 41 \cdot 40}{5 \cdot 4 \cdot 3 \cdot 2 \cdot 1}}{\frac{50 \cdot 49 \cdot 48 \cdot 47 \cdot 46}{5 \cdot 4 \cdot 3 \cdot 2 \cdot 1}} = \frac{1086008}{2118760} = 0,513 \; (51,3\%)$$

Portanto, $P(x \geq 1) = 1 - P(x = 0) = 1 - 0,513 = 0,487$ (48,7%), que é a probabilidade de haver uma inspeção em todos os componentes eletrônicos dessa caixa.

Exercícios

1) Sabe-se que em determinada caixa há 30 transistores bons e 10 defeituosos. Se um engenheiro eletricista retirar aleatoriamente 6 transistores dessa caixa, sem reposição, calcular a probabilidade de ele obter 3 transistores defeituosos.

2) Um laboratório de informática da universidade possui 36 computadores, dos quais 12 não têm capacidade suficiente para desenvolver determinado programa. Se um professor entra nesse laboratório e seleciona aleatória e simultaneamente 3 desses computadores, calcular a probabilidade de que exatamente um deles não possa desenvolver esse programa.

3) Certo tipo de peça é acondicionado em caixas com dez unidades. Certa caixa, que possui 4 peças defeituosas, é escolhida, e dela retiram-se simultaneamente 3 peças. Calcular a probabilidade de que duas delas sejam boas.

4) Uma máquina produziu um lote com 60 peças das quais 10 foram consideradas defeituosas. Se um engenheiro de produção retirar uma amostra com 8 peças desse lote, sem reposição, determinar a probabilidade de ele encontrar:

a) 3 peças defeituosas.

b) Menos de 2 peças defeituosas.

5) Um representante autorizado para manutenção e conserto de certo tipo de equipamento eletrônico sabe que de cada 20 clientes, 15 estão satisfeitos com o atendimento oferecido. Se, para uma amostra aleatória de 4 clientes for perguntado sobre a satisfação no atendimento, determinar, pela distribuição hipergeométrica, a probabilidade de que estiveram descontentes exatamente 3 clientes.

6) Um fabricante de circuitos integrados afirma que de cada 100 unidades, sempre há 5 que têm durabilidade insatisfatória. Se um engenheiro de computação adquirir 8 unidades desse produto e instalá-las em diversos equipamentos, determinar a probabilidade de que 3 desses circuitos integrados tenham durabilidade insatisfatória.

7) Em um grupo de 30 pessoas, 4 são canhotas. Escolhendo-se simultaneamente 3 pessoas desse grupo, determinar a probabilidade de que:
a) Somente uma dessas pessoas seja canhota.

b) Nenhuma dessas pessoas seja canhota.

8) Suponha que de cada lote de 200 telefones celulares de determinado fabricante, 20 deles sempre apresentem algum tipo de defeito durante o primeiro mês de uso. Se um engenheiro de produção retirar simultaneamente 3 aparelhos quaisquer de um lote para teste, qual a probabilidade de que um deles apresente algum defeito durante o primeiro mês de uso?

9) Num laboratório de informática existem 20 computadores, sendo que 3 deles estão com defeito. Se quatro pessoas entram no laboratório e cada um escolhe um computador para utilizar, determinar a probabilidade de que 2 pessoas tenham escolhido computadores com defeito e 2 tenham escolhido sem defeito.

10) Em certa região, existem 20 indústrias químicas, das quais considera-se que 3 delas não controlam adequadamente os níveis de poluentes que despejam no meio ambiente. Se um engenheiro ambiental escolher aleatoriamente 5 dessas indústrias para inspeção, determinar a probabilidade de que:

a) Nenhuma delas esteja poluindo o meio ambiente.

b) Duas delas estejam poluindo o meio ambiente.

11) Um dos jogos disponíveis nas casas lotéricas, é o jogo da **MEGA-SENA**, que possui 60 números (numerados de 1 a 60), dos quais são sorteados somente 6 em cada jogo. Se um apostador fizer um jogo simples, isto é, escolher somente 6 dos 60 números, determinar a probabilidade de ele:

a) Acertar os 6 números escolhidos.

b) Acertar 5 dos 6 números escolhidos.

Respostas:

1) 0,127 (12,7%);

2) 0,464 (46,4%);

3) 0,50 (50%);

4) a) 0,0994 (9,94%); **b)** 0,60 (60%);

5) 0,031 (3,1%);

6) 0,00311 (0,311%);

7) a) 65/203 = 0,32 (32%); **b)** 130/203 = 0,64 (64%);

8) 0,245 (24,5%);

9) 0,0842 (8,42%);

10) a) 0,399 (39,9%); **b)** 0,132 (13,2%);

11) a) 1/50.063.860 = 0,000000020 (0,0000020%); **b)** 1/154.518 = 0,00000647 (0,000647%).

8.1.3 Distribuição de Poisson

É semelhante à **distribuição binomial**, diferenciando apenas no fato de que na distribuição binomial os eventos ocorrem por **tentativas ou observações fixas**, enquanto na **distribuição de Poisson (Siméon Denis Poisson, 1781-1840)** os eventos ocorrem **continuamente** em um intervalo.

Aplicações: Acidentes por dia, defeitos por metro, falhas semanais de um computador, chamadas telefônicas por minuto, clientes por hora etc.

A **fórmula** da distribuição de **Poisson** é dada por:

$$P(x) = \frac{e^{-m} \cdot m^x}{x!}$$

onde,

x é o número de ocorrências

o número e é a base dos logaritmos naturais, isto é, $e = 2{,}71828...$ (constante)

m é a média de ocorrências num certo intervalo

Exemplo: Levantamentos feitos em grandes obras da construção civil apontam uma média de 6 acidentes leves a cada período de 6 dias. Determinar a probabilidade de que ocorrerão:

a) Exatamente 5 acidentes leves durante um período qualquer de **6 dias**, aleatoriamente escolhidos.

Solução: Pela fórmula da distribuição de Poisson, temos:

$$P(x = 5) = \frac{e^{-6} \cdot 6^5}{5!} = \frac{0{,}002479 \cdot 7776}{5 \cdot 4 \cdot 3 \cdot 2 \cdot 1} = \frac{19{,}276704}{120} = 0{,}161$$

Portanto, $\boxed{P(x = 5) = 0{,}161\ (16{,}1\%)}$

b) Exatamente 3 acidentes em **um dia qualquer**, aleatoriamente escolhido.

Solução: Como a média é de **6 acidentes a cada 6 dias**, então, para um dia qualquer, a média é de **1 acidente**.

De fato, pela **Regra de Três Simples**, temos:

$$\begin{cases} 6\ (acidentes) \to 6\ (dias) \\ m'\ (acidentes) \to 1\ (dia) \end{cases} \Rightarrow m' = \frac{6 \cdot 1}{6} \Rightarrow m' = 1$$

ou seja, **a média é de 1 acidente por dia**. Assim, pela fórmula da distribuição de Poisson, temos:

$$P(x = 3) = \frac{e^{-1} \cdot 1^3}{3!} = \frac{0{,}367879 \cdot 1}{3 \cdot 2 \cdot 1} = \frac{0{,}367879}{6} = 0{,}0613 \Rightarrow \boxed{P(x = 3) = 0{,}0613\ (6{,}13\%)}$$

Exercício

Um fabricante de determinado tipo de fio condutor de energia informa que o seu produto apresenta, em média, 3 falhas a cada 100 metros de fio. Se um engenheiro eletricista escolhe aleatoriamente um rolo desse fio para inspeção, calcular a probabilidade de que ele encontre:

a) 4 falhas, se esse rolo tem 100 m de fio.

b) uma falha, se esse rolo tem 50 m de fio.

Respostas:

a) 0,168 (16,8%); b) 0,335 (33,5%).

8.2 Distribuições Contínuas de Probabilidades

Uma distribuição de probabilidades é chamada de distribuição contínua de probabilidades quando está associada a uma variável aleatória que apresenta um grande número de resultados possíveis num determinado intervalo real.

Destacam-se as seguintes distribuições contínuas de probabilidades:

- distribuição **exponencial**;
- distribuição **uniforme**;
- distribuição **normal (ou de Gauss)**.

8.2.1 Distribuição Exponencial

A distribuição exponencial determina as probabilidades entre ocorrências num intervalo contínuo de **tempo** ou da **distância**.

Como exemplo, destacamos o tempo entre falhas de sistemas elétricos, tempo entre chamadas telefônicas, intervalos entre as chegadas de veículos (ônibus, trens, navios ou aviões) em um terminal etc.

A distribuição exponencial avalia a probabilidade de determinada ocorrência, quer no tempo ou espaço decorrido até que ocorra a próxima observação, ou no tempo decorrido entre duas observações.

Sendo m o número médio de ocorrências no intervalo de interesse, a probabilidade exponencial de que o primeiro evento x *ocorrerá* dentro do intervalo especificado de **tempo ou espaço** (t), é dada por:

$$P(x \leq t) = 1 - e^{-m}$$

E a probabilidade exponencial de que o primeiro evento **x não ocorrerá** dentro do intervalo especificado de **tempo ou espaço** (**t**), é dada por: $P(x > t) = e^{-m}$

Exemplo: Certo tipo de transistor tem duração de vida que segue uma distribuição exponencial, com média de 400 horas. Determinar a probabilidade de que um transistor aleatoriamente escolhido por uma engenheira eletricista dure:

a) Menos de 400 horas.

Solução: $P(x < 400\ h) = 1 - e^{-1} = 1 - 0{,}367879 = 0{,}632121 \cong 0{,}632 \Rightarrow$

$P(x < 400\ h) = 0{,}632\ (63{,}2\%)$

b) Mais de 100 horas.

Solução: Como a média é 1 ocorrência para cada 400 h, então a média é de **0,25** ocorrência a cada 100 h.

Assim, $P(x > 100\ h) = e^{-0{,}25} \cong 0{,}779 \Rightarrow$ $P(x > 100\ h) = 0{,}779\ (77{,}9\%)$

Exercício

Certo tipo de lâmpada tem distribuição aproximadamente exponencial, com vida útil média de 800 horas. Determinar a porcentagem de lâmpadas que queimarão:

a) antes de 800 horas.

b) depois de 600 horas.

Respostas:

a) 0,632 (63,2%); **b)** 0,472 (47,2%).

8.2.2 Distribuição uniforme

É a distribuição contínua de probabilidades na qual qualquer valor de uma variável aleatória tem a mesma probabilidade de ocorrer num certo intervalo.

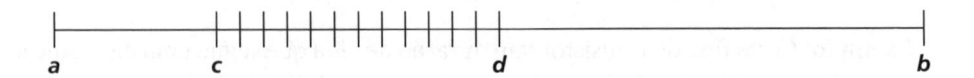

```
|——————————|++++++++++++|————————————————————|
a           c            d                    b
```

Assim, dado um intervalo **A = [a, b]**, a probabilidade de ocorrência de um evento **x**, em um subintervalo

$$S =]c, d[\text{ de A, é dada por: } \boxed{P(c \leq x \leq d) = \frac{d-c}{b-a}}$$

Obs.:

a) A probabilidade de qualquer valor particular é zero.

b) $P(a \leq x \leq b) = P(a < x < b)$

Exemplo: Se o tempo que uma máquina gasta para produzir determinado tipo de peça variar uniformemente entre 120 e 160 segundos, qual a probabilidade de que uma peça aleatoriamente escolhida por um engenheiro de controle e automação tenha sido produzida em um tempo entre 130 e 140 segundos?

Solução: Pela distribuição uniforme, temos:

$$P(130 \leq x \leq 140) = \frac{140 - 130}{160 - 120} = \frac{10}{40} = 0{,}25 \ (25\%)$$

Exercício

Sabendo que para desenvolver determinado tipo de tarefa, certo aplicativo gasta um tempo que pode variar uniformemente entre 32 e 40 horas, determinar a probabilidade de que uma tarefa semelhante seja realizada em um tempo:

a) entre 34 e 37 horas.

b) superior a 38 horas.

Respostas:

a) 0,375 (37,5%);   b) 0,25 (25%).

9

Distribuição normal (ou de Gauss)

Um dos mais importantes exemplos de uma distribuição contínua de probabilidades é a distribuição normal, ou curva normal, ou distribuição de Gauss (**Karl Friedrich Gauss, 1777-1855**), que constitui a base teórica de toda inferência estatística. A função de densidade de probabilidade de uma variável *x* com distribuição normal é definida pela seguinte equação: $\boxed{y = f(x) = \dfrac{1}{\sigma\sqrt{2\pi}} \cdot e^{-\frac{1}{2}\left(\frac{x-M}{\sigma}\right)^2}}$, com $-\infty < x < +\infty$

onde, *x* e *y* são as variáveis estatísticas

M = média da distribuição

σ = desvio-padrão da distribuição

π (*pi*) = 3,1415... (constante)

e = 2,71828... é a base dos logaritmos naturais (constante)

Obs.: Como π e e são constantes, a curva normal (equação acima) depende somente da média (M) e do desvio-padrão populacional (σ), sendo que, na prática, o mais utilizado é o desvio-padrão amostral.

O **gráfico** da curva normal é:

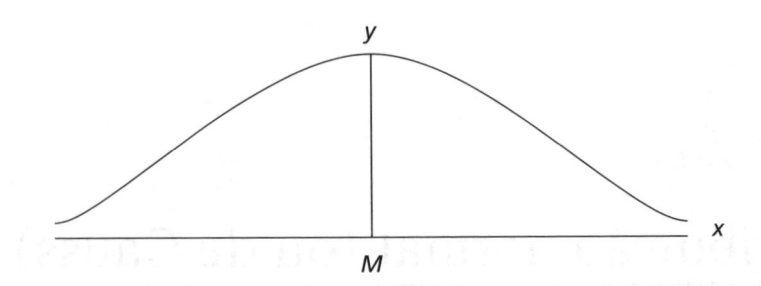

Principais características da curva normal

1) Tem um ponto de máximo no eixo dos y (eixo vertical), que corresponde à média no eixo dos x (eixo horizontal).
2) É simétrica em relação ao eixo do y, no ponto correspondente à média no eixo dos x.
3) Tem dois pontos de inflexão (pontos nos quais a curva muda de concavidade), que correspondem a $M \pm \sigma$.
4) É assintótica em relação ao eixo dos x, isto é, a curva não intercepta o eixo dos x.
5) Prolonga-se no eixo dos x de $-\infty$ a $+\infty$.
6) Tem a forma de "sino".

Área de probabilidade

Lembremos que a **integral definida** de uma função $f(x)$, em um intervalo $[a, b]$, isto é, $\int_a^b f(x)dx$, nos dá **a área** sob essa função, compreendida entre os valores a e b da variável x. Assim, a integral definida da equação normal, no intervalo $[a, b]$, representada por: $A = \int_a^b \frac{1}{\sigma\sqrt{2\pi}} \cdot e^{-\frac{1}{2}\left(\frac{x-M}{\sigma}\right)^2}$, é a **área sob a curva normal**, no intervalo $[a, b]$. Como temos 50% das observações abaixo da média e 50% acima, a área total sob a curva normal corresponde a uma probabilidade de 100%. Na figura a seguir, a área A sob a curva normal nos dá a probabilidade de uma variável x estar compreendida entre os valores a e b:

Distribuição normal (ou de Gauss)

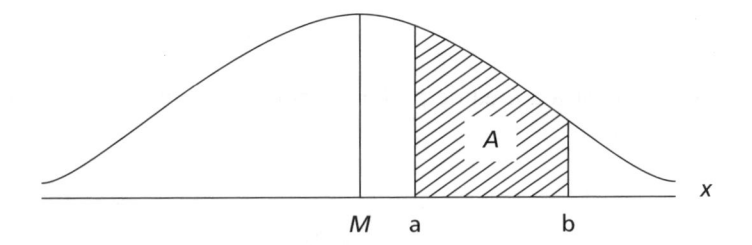

9.1 O coeficiente z

Como o cálculo das integrais para determinação dessas áreas não é tão simples, expressamos a variável x em termos da seguinte **unidade reduzida**: $z = \dfrac{x - M}{\sigma}$, e a equação anterior fica:

$$y = \frac{1}{\sigma\sqrt{2\pi}} \cdot e^{-\frac{1}{2}z^2}$$

Fazendo $M = 0$ e $\sigma = 1$, temos, então, a chamada **distribuição normal padronizada**, na qual a abscissa da variável x passa a ser representada pela variável reduzida z, sendo que a média para a variável x corresponde ao valor 0 (zero) para a variável z; os valores de x abaixo da média correspondem aos valores negativos de z, e os valores de x acima da média correspondem aos valores positivos de z, e um valor qualquer de z corresponde à quantidade de desvios-padrão que a variável x está da média (à esquerda ou à direita). A Tabela 1 apresenta as áreas (probabilidades) sob a curva normal, para a nova variável z.

9.2 Como usar a Tabela 1 (tabela do coeficiente z)

> A **Tabela 1** indica as proporções de áreas para vários intervalos de valores para a distribuição de probabilidade normal padronizada, com a **fronteira inferior começando sempre na média**. Essa tabela elimina o uso da equação normal.

Exemplos: Na Tabela 1, **encontre a probabilidade** correspondente aos seguintes valores do coeficiente z:

1) z = 1,28

A figura abaixo mostra a área de probabilidade sob a curva normal, correspondente a esse valor de z:

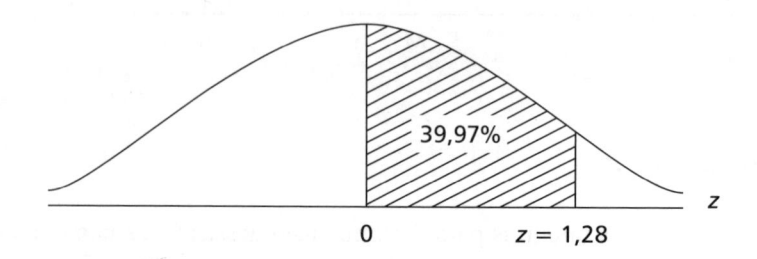

![Curva normal com área sombreada de 39,97% entre 0 e z = 1,28]

Na 1ª coluna da tabela, descendo até a **linha 1,2**, e percorrendo-a à sua direita até chegar na casa (célula) da **coluna 0,08**, encontramos o valor **0,3997**. Portanto, a **área de probabilidade** correspondente a z = 1,28 é **0,3997 (39,97%)**, que representa a região localizada à direita da linha da média (no ponto z = 0) do gráfico da curva normal, conforme mostra a figura. Veja abaixo uma parte da Tabela 1 mostrando como foi encontrada essa probabilidade:

Tabela 1

z	0,00	0,01	0,02	0,03	0,04	0,05	0,06	0,07	0,08	0,09
0,0									↓	
0,1									↓	
0,2									↓	
									↓	
									↓	
1,1									↓	
1,2	→	→	→	→	→	→	→	→	0,3997	
1,3										

2) z = – 0,67

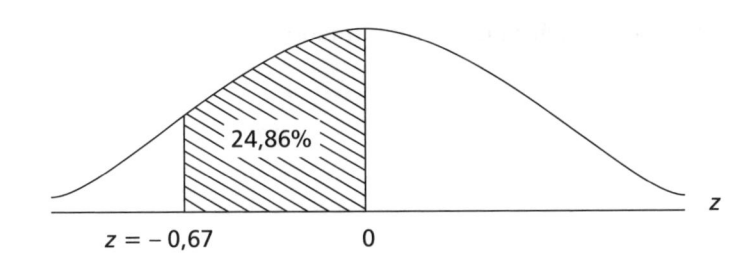

O valor negativo de **z** nos indica que a área se localiza à esquerda da linha da média no gráfico da curva normal. Como a curva normal é simétrica em relação à linha da média, a Tabela 1 fornece apenas os valores positivos de **z** (isto é, os valores que estão à direita da linha da média). Assim sendo, basta procurar na Tabela 1 o valor de z = + 0,67, cuja área será **IGUAL** à área de z = – 0,67, e que corresponde a **0,2486 (24,86%)**. Veja abaixo uma parte da Tabela 1 mostrando como foi encontrada essa probabilidade:

Tabela 1

z	0,00	0,01	0,02	0,03	0,04	0,05	0,06	**0,07**	0,08	0,09
0,0								↓		
0,1								↓		
0,2								↓		
0,3								↓		
0,4								↓		
0,5								↓		
0,6	→	→	→	→	→	→	→	0,2486		
0,7										

Exercícios

1) Na Tabela 1, encontre a **área de probabilidade** para os seguintes valores do coeficiente z:

a) z = 2,14

b) z = – 0,70

2) Na Tabela 1, encontre o **valor de z** correspondente às seguintes áreas de probabilidades:

a) 38,88%

b) 49,5%

Respostas:

1) a) 0,4838 (48,38%); b) 0,2580 (25,80%);   2) a) z = ± 1,22; b) z = ± 2,58.

9.3 Aplicações (distribuição normal)

1) O peso médio de um grupo de 500 estudantes do sexo masculino é de 75,5 kg e o desvio-padrão 7,5 kg. Admitindo-se que os pesos estão distribuídos normalmente, determinar o **número esperado de estudantes desse grupo** que pesam:

a) **Entre 60 e 77,5 kg.**

Solução: As medidas dos pesos $x_1 = 60$ e $x_2 = 77,5$ correspondem às seguintes unidades reduzidas (z):

$$z_1 = \frac{x_1 - M}{\sigma} = \frac{60 - 75,5}{7,5} = -2,066... \Rightarrow z_1 = -2,07$$, que corresponde, na Tabela 1, a 0,4808 (48,08%).

$$z_2 = \frac{x_2 - M}{\sigma} = \frac{77,5 - 75,5}{7,5} = 0,266... \Rightarrow z_2 = 0,27$$, que corresponde, na Tabela 1, a 0,1064 (10,64%).

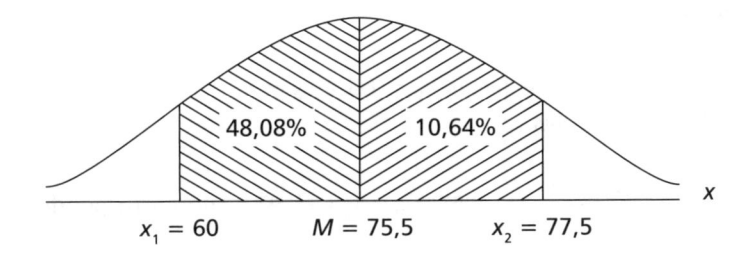

Logo, a área de **probabilidade** é: 0,4808 + 0,1064 = 0,5872 (58,72%), ou seja, esperamos que 58,72% desses estudantes tenham um peso compreendido entre 60 e 77,5 kg. Portanto, o **número esperado** de estudantes desse grupo é de: 500•0,5872 = 293,6 ≅ **294 estudantes**.

b) **Entre 81,2 e 86 kg.**

Solução: As medidas dos pesos $x_1 = 81,2$ e $x_2 = 86$ correspondem às seguintes unidades reduzidas (z):

$z_1 = \dfrac{x_1 - M}{\sigma} = \dfrac{81,2 - 75,5}{7,5} = 0,76 \Rightarrow z_1 = 0,76$, que corresponde, na Tabela 1, a 0,2764 (27,64%).

$z_2 = \dfrac{x_2 - M}{\sigma} = \dfrac{86 - 75,5}{7,5} = 1,40 \Rightarrow z_2 = 1,40$, que corresponde, na Tabela 1, a 0,4192 (41,92%).

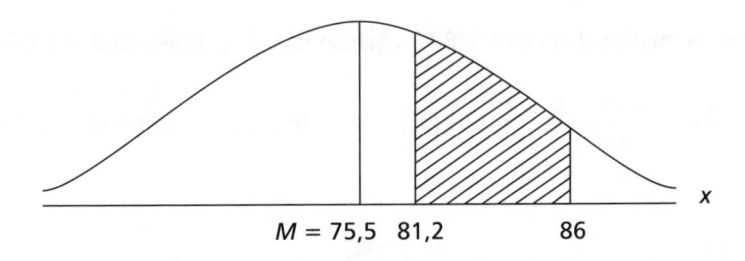

Logo, a área de probabilidade é: 0,4192 − 0,2764 = 0,1428 (14,28%). Portanto, o número esperado é de: 500•0,1428 = 71,4 ≅ **71 estudantes** com peso entre 81,2 e 86 kg.

c) **Entre 68,2 e 72,6 kg.**

Solução: As medidas dos pesos $x_1 = 68{,}2$ kg e $x_2 = 72{,}6$ kg correspondem às seguintes unidades reduzidas (z):

$$z_1 = \frac{x_1 - M}{\sigma} = \frac{68{,}2 - 75{,}5}{7{,}5} = -0{,}9733\ldots \Rightarrow z_1 = -0{,}97$$, que corresponde, na Tabela 1, a 0,3340.

$$z_2 = \frac{x_2 - M}{\sigma} = \frac{72{,}6 - 75{,}5}{7{,}5} = -0{,}3866\ldots \Rightarrow z_2 = -0{,}39$$, que corresponde, na Tabela 1, a 0,1517.

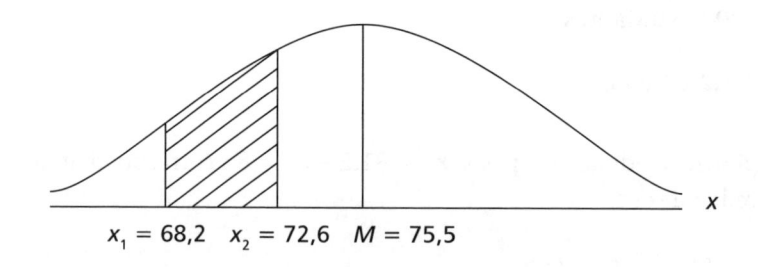

$x_1 = 68{,}2 \quad x_2 = 72{,}6 \quad M = 75{,}5$

Logo, a área de probabilidade é: $0{,}3340 - 0{,}1517 = 0{,}1823$ (18,23%). Portanto, o número esperado é de: $500 \cdot 0{,}1823 = 91{,}15 \cong$ **91 estudantes** com peso entre 68,2 e 72,6 kg.

d) **Acima de 83,7 kg.**

Solução: A medida do peso $x = 83{,}7$ corresponde à seguinte unidade reduzida (z):

$$z = \frac{x - M}{\sigma} = \frac{83{,}7 - 75{,}5}{7{,}5} = 1{,}0933\ldots \Rightarrow z = 1{,}09$$, que corresponde, na Tabela 1, a 0,3621.

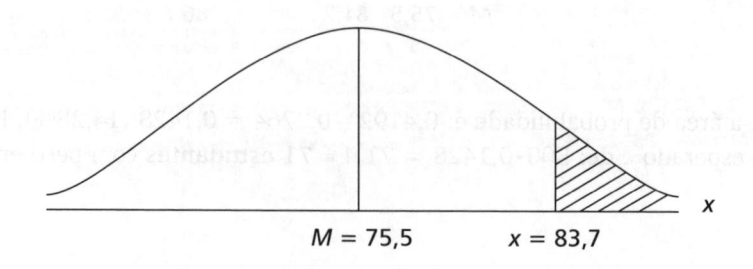

$M = 75{,}5 \quad\quad x = 83{,}7$

Logo, a área de probabilidade é: 0,5 (50%) − 0,3621 = 0,1379 (13,79%). Portanto, o número esperado é de: 500•0,1379 = 68,95 ≅ **69 estudantes** com peso acima de 83,7 kg.

e) **Acima de 69 kg.**

Solução: A medida do peso $x = 69$ corresponde à seguinte unidade reduzida (z):

$$z = \frac{x - M}{\sigma} = \frac{69 - 75,5}{7,5} = -0,8666\ldots \Rightarrow z = -0,87$$

que corresponde, na Tabela 1, a 0,3078.

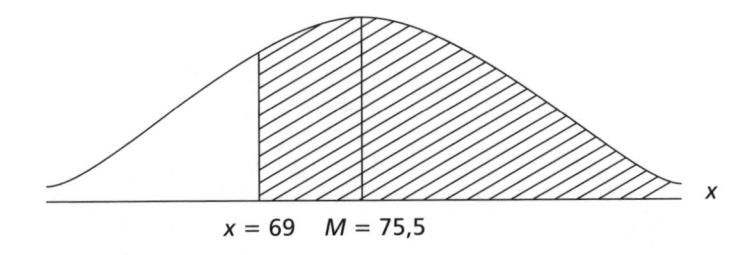

$x = 69 \quad M = 75,5$

Logo, a área de probabilidade é: 0,5 (50%) + 0,3078 = 0,8078 (80,78%). Portanto, o número esperado é de: 500•0,8078 = 403,9 ≅ **404 estudantes** com peso acima de 69 kg.

f) **Inferior a 85,6 kg.**

Solução: A medida do peso $x = 85,6$ corresponde à seguinte unidade reduzida (z):

$$z = \frac{x - M}{\sigma} = \frac{85,6 - 75,5}{7,5} = 1,3466\ldots \Rightarrow z = 1,35$$

, que corresponde, na Tabela 1, a 0,4115.

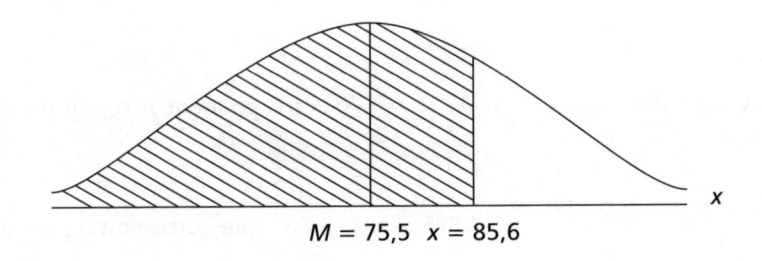

$M = 75,5 \quad x = 85,6$

Logo, a área de probabilidade é: 0,5 (50%) + 0,4115 = 0,9115 (91,15%). Portanto, o número esperado é de: 500•0,9115 = 455,75 ≅ **456 estudantes** com peso abaixo de 85,6 kg.

g) Abaixo de 71,5 kg.

Solução:
A medida do peso $x = 71,5$ corresponde à seguinte unidade reduzida (z):

$$z = \frac{x - M}{\sigma} = \frac{71,5 - 75,5}{7,5} = -0,5333\ldots \Rightarrow z = -0,53$$, que corresponde, na Tabela 1, a 0,2019.

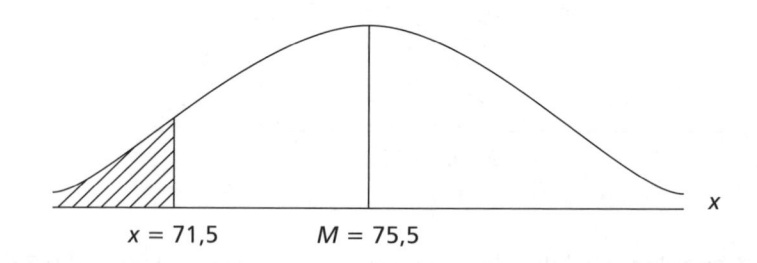

$x = 71,5 \qquad M = 75,5$

Logo, a área de probabilidade é: 0,5 (50%) − 0,2019 = 0,2981 (29,81%). Portanto, o número esperado é de: 500•0,2981 = 149,05 ≅ **149 estudantes** com peso inferior a 71,5 kg.

2) Um levantamento feito em determinada localidade revelou que a altura média de um adulto do sexo masculino é de 175 cm. Assumindo que o desvio-padrão seja de 8 cm, pede-se:

a) A probabilidade de que um adulto (homem) aleatoriamente escolhido tenha altura entre 160 e 170 cm.

Solução:
As medidas das alturas $x_1 = 160$ e $x_2 = 170$ correspondem às seguintes unidades reduzidas (z):

$$z_1 = \frac{x_1 - M}{\sigma} = \frac{160 - 175}{8} = -1,875 \Rightarrow z_1 = -1,88$$, que corresponde, na Tabela 1, a 0,4699 (46,99%).

$$z_2 = \frac{x_2 - M}{\sigma} = \frac{170 - 175}{8} = -0,625 \Rightarrow z_2 = -0,62$$, que corresponde, na Tabela 1, a 0,2324 (23,24%).

Logo, a probabilidade pedida é: 0,4699 − 0,2324 = **0,2375 (23,75%)**.

b) **A probabilidade de que um adulto (homem) aleatoriamente escolhido tenha altura superior a 185 cm.**

   Solução:
   A medida da altura $x = 185$ corresponde à seguinte unidade reduzida (z):

   $$z = \frac{x - M}{\sigma} = \frac{185 - 175}{8} = 1,25 \Rightarrow z = 1,25$$, que corresponde, na Tabela 1, a 0,3944 (39,44%).

   Logo, a probabilidade pedida é: 0,5 − 0,3944 = **0,1056 (10,56%)**.

c) **Para os 4% de adultos do sexo masculino mais altos, que altura representa?**

   Solução:

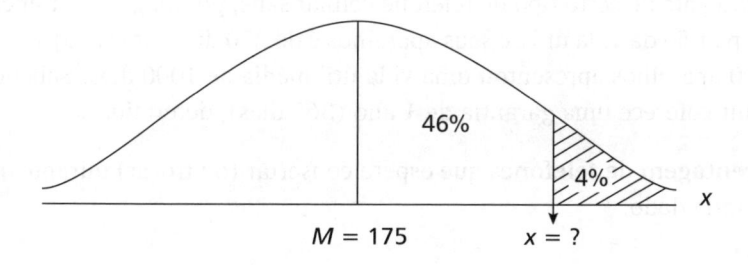

   $P = 0,5 \ (50\%) - 0,04 \ (4\%) = 0,46 \ (46\%) \Rightarrow z = 1,76 \Rightarrow z = \frac{x - M}{\sigma} \Rightarrow 1,76 = \frac{x - 175}{8} \Rightarrow$

   $\Rightarrow 1,76 \cdot 8 = x - 175 \Rightarrow 14 = x - 175 \Rightarrow 14 + 175 = x \Rightarrow \boxed{x = 189 \text{ cm}}$

Portanto, esperamos que apenas 4% dos adultos (homens) tenham uma altura superior a 189 cm.

d) **Para os 2,5% de adultos do sexo masculino mais baixos, que altura representa?**

Solução:

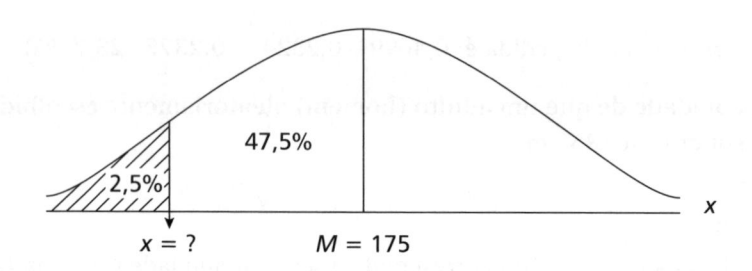

[Curva normal: área 2,5% à esquerda de x = ?, área 47,5% entre x e M = 175]

$P = 0{,}5 \ (50\%) - 0{,}025 \ (2{,}5\%) = 0{,}475 \ (47{,}5\%) \Rightarrow z = -1{,}96 \Rightarrow z = \dfrac{x-M}{\sigma} \Rightarrow$

$-1{,}96 = \dfrac{x-175}{8} \Rightarrow -1{,}96 \cdot 8 = x - 175 \Rightarrow -16 = x - 175 \Rightarrow -16 + 175 = x \Rightarrow \boxed{x = 159 \text{ cm}}$

Portanto, esperamos que apenas 2,5% dos adultos (homens) tenham uma altura inferior a 159 cm.

3) Um fabricante de certo tipo de telefone celular sabe, por longa experiência, que o desvio-padrão da vida útil de seus aparelhos é de 250 dias. Uma amostra aleatória de 2000 aparelhos apresentou uma vida útil média de 1000 dias. Sabendo que o fabricante oferece uma garantia de 1 ano (365 dias), determinar:

a) A **porcentagem de telefones** que espera consertar (ou trocar) durante o período de garantia dado.

Solução:

A medida da garantia $x = 365$ dias corresponde à seguinte unidade reduzida (z):

$z = \dfrac{x-M}{\sigma} = \dfrac{365-1000}{250} = -2{,}54 \Rightarrow z = -2{,}54$, que corresponde, na Tabela 1, a 0,4945.

Logo, a área de probabilidade é: $0{,}5 - 0{,}4945 = \textbf{0{,}0055 (0{,}55\%)}$, ou seja, o fabricante espera que 0,55% dos telefones apresentem algum tipo de defeito durante o período de garantia.

b) O **número de telefones** dessa amostra que o fabricante espera consertar (ou trocar) durante o período de garantia.

   Solução:

   O número esperado de aparelhos que poderão apresentar algum tipo de defeito é: 2000•0,0055 = **11 telefones**, ou seja, da amostra de 2000 telefones, o fabricante espera que 11 telefones deverão ser consertados (ou trocados) no período de garantia de 1 ano.

c) O **número de aparelhos** dessa amostra que o fabricante espera consertar se ele oferecer uma **garantia extra (estendida)** de mais um ano, ou seja, durante os dois anos de garantia.

   Solução:

   $$z = \frac{x - M}{\sigma} = \frac{730 - 1000}{250} = -1,08 \Rightarrow z = -1,08$$, que corresponde, na Tabela 1, a 0,3599, portanto, a área de probabilidade para conserto do telefone é:

   0,5 − 0,3599 = 0,1401 (14,01%).

   Logo, o fabricante espera consertar durante os dois anos de garantia: 2000•0,1401 = **280 telefones** dessa amostra de 2000 aparelhos.

Exercícios

1) Uma universidade adquiriu um grande lote de monitores de certa marca e modelo para equipar os seus laboratórios de informática. O fabricante desses equipamentos informa que os tempos de duração desses monitores têm distribuição normal, com durabilidade média de 8,2 anos e desvio-padrão de 1,1 ano. Determinar a probabilidade de que um monitor desse lote, selecionado aleatoriamente, acuse um tempo de durabilidade:

a) Inferior a 7 anos.

b) Entre 7,6 e 9,1 anos.

c) Superior a 7,3 anos.

d) Entre 8,5 e 9,5 anos.

e) Inferior a 10 anos.

f) Entre 6,6 e 7,7 anos.

g) Superior a 9,2 anos.

2) No **exercício (1)**, se a média de 8,2 anos e o desvio-padrão de 1,1 ano tivessem sido obtidos de um lote de 600 monitores, determinar o número esperado de aparelhos desse lote que apresentaram as respectivas probabilidades encontradas nas letras **(a)**, **(c)** e **(d)**.

(a)

(c)

(d)

3) No **exercício (1)**, determinar o tempo máximo de uso desses monitores, no qual apenas 1% deles terá durabilidade inferior a esse tempo.

4) No **exercício (1)**, determinar o tempo mínimo de uso desses monitores, no qual apenas 2% deles terão durabilidade superior a esse tempo.

5) Um engenheiro de controle e automação de uma indústria que fabrica certo tipo de máquina automática para venda de diversos tipos de produtos, faz o ajuste nas máquinas para serem acionadas com a utilização de moedas, de acordo com o seu peso, para confirmação do pagamento do produto e liberação da mercadoria adquirida ao comprador (café, refrigerantes, doces, salgadinhos etc.). Nesse ajuste, considera-se que os pesos das moedas são distribuídos normalmente, de tal forma

que os proprietários das máquinas consigam rejeitar as possíveis moedas falsas. Supondo que as moedas de um certo valor tenham peso médio de 6,13 g e desvio-padrão de 0,075 g, determinar a probabilidade de que uma dessas máquinas, escolhida aleatoriamente, possa rejeitar moedas verdadeiras que pesem menos de 5,95 g ou mais de 6,30 g.

6) Certo tipo de viga pré-moldada de concreto suporta, em média, uma carga de 3200 kg, com um desvio-padrão de 150 kg. Se um engenheiro civil escolher aleatoriamente uma dessas vigas para ser utilizada em determinada obra, determinar a probabilidade de que ela suportará um peso:

a) Entre 2900 e 3300 kg.

b) Inferior a 3 toneladas.

7) Certo tipo de componente eletrônico produzido por uma companhia tem uma vida útil média de 1500 dias, com um desvio-padrão de 100 dias. Determinar a probabilidade de que um desses componentes escolhido aleatoriamente por um engenheiro de computação tenha vida útil compreendida:

a) Entre 1450 e 1650 dias.

b) Inferior a 1620 dias.

c) Entre 1350 e 1420 dias.

d) Acima de 1580 dias.

e) Entre 1550 e 1700 dias.

f) Abaixo de 1340 dias.

g) Acima de 1430 dias.

h) Se a amostra fosse constituída de 400 componentes eletrônicos, qual seria a quantidade esperada de componentes nos itens **(a)**, **(d)** e **(f)**?

(a)

(d)

(f)

8) Uma experiência em laboratório, realizada por um engenheiro químico, verificou que certo composto químico apresentou um tempo médio de reação de 408 segundos. Sabendo que o desvio-padrão do tempo de reação desse composto é de 100 segundos, determinar o tempo previsto:

a) Para que apenas 0,2% dos compostos tenha uma reação mais rápida.

b) Somente 1% dos compostos tenha maior tempo de reação.

Respostas:

1) **a)** 0,1379 (13,79%); **b)** 0,5027 (50,27%); **c)** 0,7939 (79,39%); **d)** 0,2746 (27,46%); **e)** 0,9495 (94,95%); **f)** 0,2529 (25,29%); **g)** 0,1814 (18,14%);

2) **(a)** 83 monitores; **(c)** 476 monitores; **(d)** 165 monitores;

3) 5,6 anos;

4) 10,5 anos;

5) 0,0198 (1,98%);

6) **a)** 0,7258 (72,58%); **b)** 0,0918 (9,18%);

7) **a)** 0,6247 (62,47%); **b)** 0,8849 (88,49%); **c)** 0,1451 (14,51%); **d)** 0,2119 (21,19%); **e)** 0,2857 (28,57%); **f)** 0,0548 (5,48%); **g)** 0,7580 (75,8%); **h)** item (a): 250 componentes; item (d): 85 componentes; item (f): 22 componentes;

8) **a)** 120 s; **b)** 641 s.

10

Inferência estatística (3º ramo da Estatística)

O objetivo da Estatística é o de conhecer populações por meio de resultados obtidos em amostras aleatórias. Para encontrar os parâmetros típicos das populações (média, desvio-padrão e proporção), utilizamos os seguintes métodos para realizar inferências (estimativas) a respeito desses parâmetros: o da **estimação** e o **teste de hipóteses** (ou teste de significância).

10.1 Distribuição amostral

A distribuição amostral é a distribuição de probabilidades de uma medida estatística baseada em uma amostra aleatória. Duas das distribuições amostrais mais usadas são a binomial e a normal (de Gauss).

Na distribuição amostral das médias, um fato importante é que **a média da distribuição amostral é igual a média populacional**. Este fato ilustra bem o caso: Seja uma população composta de 3 valores (por exemplo, preços de um certo produto): 2, 3 e 7. A distribuição amostral se compõe de todas as amostras possíveis. Considerando todas as amostras de dois valores, as três combinações possíveis são: 2 e 3, 2 e 7, 3 e 7, cujas médias amostrais são:

$$m_1 = \frac{2+3}{2} = \frac{5}{2} \Rightarrow m_1 = 2{,}5;\ m_2 = \frac{2+7}{2} = \frac{9}{2} \Rightarrow m_2 = 4{,}5 \text{ e}$$

$$m_3 = \frac{3+7}{2} = \frac{10}{2} \Rightarrow m_3 = 5$$

Assim, a **média das três médias amostrais** é:

$$m = \frac{m_1 + m_2 + m_3}{3} = \frac{2,5 + 4,5 + 5}{3} \Rightarrow m = 4$$

E a **média da população** é: $M = \frac{2 + 3 + 7}{3} = \frac{12}{3} \Rightarrow M = 4$

Portanto, a média da distribuição amostral (ou valor esperado) = média da população.

Obs.: Se tivermos uma amostra de 4 elementos, por exemplo, 7, 10, 9 e 6, a média populacional será igual a 8 e a média das médias para todas as amostras com 2 elementos também será igual a 8, o mesmo acontecendo para as amostras com 3 elementos. Verifique!

10.2 Estimativa de uma média populacional

Para estimar a média de uma população, temos **dois casos** a considerar quanto ao desvio-padrão da população: quando ele é **conhecido** e quando é **desconhecido** (isto é, se é estimado nos dados amostrais), mas, também, devemos nos preocupar com o tamanho da amostra, ou seja, se se trata de uma **grande amostra ($n > 30$)**, ou de uma **pequena amostra ($n \leq 30$)**, pois estaremos utilizando a **Tabela 1 para as grandes amostras**, e a **Tabela 2 para as pequenas amostras** (desde que o desvio-padrão populacional seja **desconhecido**, mas que provenha de uma distribuição aproximadamente normal). Também, veremos mais adiante que a **Tabela 1** será utilizada para **pequenas amostras**, sempre que o desvio-padrão populacional for **conhecido**.

Lembremos do fato de que quanto mais se aumenta o tamanho da amostra, mais próxima é a média amostral da populacional e, também, o desvio-padrão da distribuição amostral diminui.

10.3 1º Caso: Estimativa da média populacional quando o desvio-padrão populacional é CONHECIDO

(A) Estimativa *pontual* da média:

Quando é dada por um número único, e o melhor valor para estimar a média populacional (M) é o próprio valor da média amostral (m).

(B) Estimativa *intervalar* da média:

A estimativa intervalar (ou intervalo de confiança) é um intervalo de valores possíveis dentro do qual esperamos encontrar a verdadeira média populacional.

A estimativa intervalar (ou intervalo de confiança) da média populacional é dada pela **fórmula**:

$$m \pm z \cdot \frac{\sigma}{\sqrt{n}} \quad \text{(I)}$$

onde,

m = média amostral

z = coeficiente de confiança desejado (dado pela Tabela 1) para um determinado grau (ou nível) de confiança

σ = desvio-padrão populacional (ou estimativa)

n = número de dados da amostra, isto é, tamanho da amostra

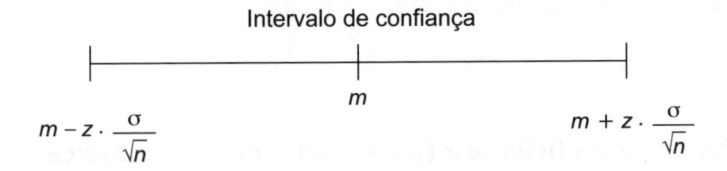

```
                    Intervalo de confiança
    |───────────────────────|───────────────────────|
                            m
  m − z · σ/√n                              m + z · σ/√n
```

Assim, por exemplo, para um grau de confiança de 95%, o intervalo de confiança para a verdadeira média populacional (M) será dado por: $m \pm 1{,}96 \cdot \frac{\sigma}{\sqrt{n}}$, ou seja, esperamos que 95% das médias amostrais devem estar no intervalo de $m - 1{,}96 \cdot \frac{\sigma}{\sqrt{n}}$ a $m + 1{,}96 \cdot \frac{\sigma}{\sqrt{n}}$, isto é, esperamos, a longo prazo, que de cada 100 amostras do mesmo tipo, em 95 delas as médias caiam dentro desse intervalo, ou seja, somente 5% das amostras tenham média fora desse intervalo.

Obs.: É errado dizer que há 95% de chances da verdadeira média populacional M estar no intervalo encontrado.

Importante: Para a determinação dos **intervalos de confiança das médias populacionais**, precisaremos utilizar os valores dos **coeficientes z** e **t**, os quais são dados pelas **Tabelas 1** e **2**, respectivamente, empregando-se o conceito do **teste bilateral**, pelo fato de que a **média amostral** pode ser **maior ou menor** do que a **média real**.

Fatores que influem na amplitude de um intervalo de confiança

Observando a **fórmula (I)**: $m \pm z \cdot \frac{\sigma}{\sqrt{n}}$, podemos ver que os **fatores que influem na amplitude do intervalo** são:

a) **Coeficiente de confiança (z):** Se **aumentar** o valor de **z** (isto é, aumentar o nível de confiança), o intervalo de confiança também **aumenta** (o **z** está no **numerador**).

b) **Tamanho da amostra (n):** Se **aumentar** o tamanho da amostra, o intervalo de confiança **diminui** (**n** está no **denominador**).

c) **Dispersão da população (σ):** Se **aumentar** o valor de σ (desvio-padrão populacional), o intervalo de confiança também **aumenta** (σ está no **numerador**).

REGRA DO ARREDONDAMENTO

Para os **INTERVALOS DE CONFIANÇA** usados para estimar a **MÉDIA POPULACIONAL**, utilizar **uma casa decimal a mais** das que foram usadas para a média amostral e para o desvio-padrão (exceto quando se tratar de valor monetário).

10.3.1 Valor do coeficiente z (para intervalos de confiança)

Exemplo

Na Tabela 1, **encontre os valores do coeficiente z** correspondentes ao **nível de 98% de confiança** para se construir um intervalo de confiança para estimar uma média populacional.

Solução: Para encontrar os valores de z na Tabela 1 correspondentes ao nível de confiança desejado na estimativa de uma média populacional, procedemos da seguinte forma:

Para uma **confiança de 98%**, devemos procurar na Tabela 1 a área correspondente à **meia curva**, ou seja, 49% (isto porque a verdadeira média populacional pode estar tanto à esquerda da média amostral como à sua direita, ou seja, se queremos uma área de 98% de confiança, devemos considerar uma área de **49% à esquerda** da média amostral e outra de **49% à direita**).

Na **Tabela 1**, uma área de 49% corresponde, em número decimal, com quatro casas decimais, a **0,4900**. Como o valor exato desse número decimal não se encontra na Tabela 1, devemos **considerar o número imediatamente superior** a 0,4900, que é o **0,4901**. Percorrendo a **linha** em que se localiza o número 0,4901, encontramos, na **lateral esquerda**, o **valor 2,3**, e na **parte superior da coluna** do número 0,4901, encontramos o **valor 0,03**, logo o valor procurado de z na Tabela 1 é **2,33**. Veja abaixo uma parte da Tabela 1 (à esquerda), e a curva normal correspondente (à direita):

Tabela 1

z	0,00	0,01	0,02	**0,03**	0,04
0,0				↑	
				↑	
				↑	
2,2				↑	
2,2				↑	
2,3	←	←	←	0,4901	
2,4					

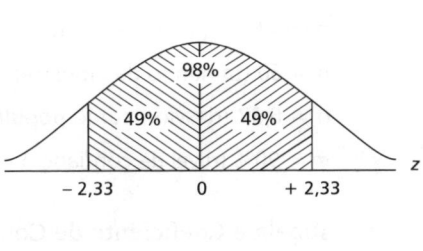

Portanto, os valores críticos de z, para uma confiança de 98%, na Tabela 1, são: $\boxed{z = \pm 2,33}$.

Obs.: O valor **negativo** de z (– 2,33) corresponde à área de 49% que se localiza à **esquerda** da linha média (central), e o valor **positivo** de z (+ 2,33) corresponde à área de 49% que se localiza à **direita** da linha média.

Exercício

Encontre os valores críticos do coeficiente **z** para construir um intervalo de ∝% de confiança para estimar a média populacional, quando:

1) ∝ = 90%   2) ∝ = 99%   3) ∝ = 95%   4) ∝ = 80%

Respostas:

1) z = ± 1,65; 2) z = ± 2,58; 3) z = ± 1,96; 4) z = ± 1,29.

APLICAÇÕES (de intervalo de confiança usando a Tabela 1)

1) Uma amostra aleatória de 60 unidades de certo produto químico apresentou preço médio, por kg, de R$ 45,21. Determinar um intervalo de 90% de confiança para estimar a média populacional do preço desse produto, sabendo que o desvio-padrão populacional é R$ 6,32.

   Solução:
   - **Dados:**

     $m = 45,21$ (média amostral)

     $n = 60$ (tamanho da amostra)

     $\sigma = 6,32$ (desvio-padrão populacional)

     $\alpha = 90\%$ (nível de confiança)

   - **Tabela e Coeficiente de Confiança:**

   Como o desvio-padrão populacional é **conhecido**, devemos utilizar a Tabela 1 (Tabela z): Para 90% de confiança, o valor de z é 1,65 (esse valor corresponde a uma área de 45% na tabela).

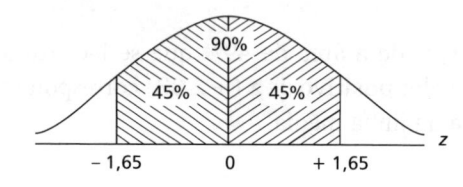

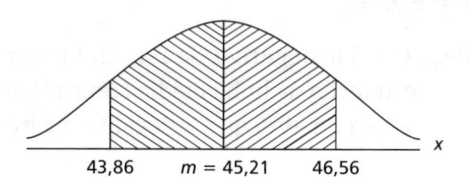

   - **Fórmula:** Para a determinação do intervalo de confiança desejado, utilizar a **fórmula (I):** $m \pm z \cdot \dfrac{\sigma}{\sqrt{n}}$

   - **Cálculo dos limites do intervalo de confiança:**

   $m \pm z \cdot \dfrac{\sigma}{\sqrt{n}} \Rightarrow 45,21 \pm 1,65 \cdot \dfrac{6,32}{\sqrt{60}} \Rightarrow 45,21 \pm 1,35 \Rightarrow$ de $(45,21 - 1,35)$ a $(45,21 + 1,35) \Rightarrow$ de 43,86 a 46,56.

   - **Conclusão (resposta):** Portanto, o intervalo de 90% de confiança para o verdadeiro preço médio (média populacional) desse produto, por kg, é de R$ 43,86 a R$ 46,56, isto é, esperamos que 90% das médias amostrais fiquem nesse intervalo de preços.

2) Uma amostra aleatória de 40 latas de cerveja de uma indústria de bebidas revelou uma quantidade média de 347 ml de cerveja inserida nas latas. Admitindo-se que o desvio-padrão das quantidades de cerveja inseridas nas latas é de 4 ml, construir um intervalo de 95% de confiança para a verdadeira quantidade média de cerveja nas latas.

Solução: Como o desvio-padrão populacional é **conhecido**, o valor de z para uma confiança de 95% é: $z = 1,96$ (esse valor corresponde a uma área de 47,5% na tabela).

Assim, pela **fórmula (I)**: $\boxed{m \pm z \cdot \dfrac{\sigma}{\sqrt{n}}}$, temos:

$$347 \pm 1,96 \cdot \dfrac{4}{\sqrt{40}} \Rightarrow 347 \pm 1,2 \Rightarrow \text{de } 345,8 \text{ a } 348,2 \text{ ml.}$$

Resposta: Portanto, o intervalo de 95% de confiança para a verdadeira quantidade média de cerveja inserida em todas as latas é de 345,8 a 348,2 ml (ou seja, a quantidade média de cerveja nas latas é de 347 ml, com um erro de até 1,2 ml, para mais ou para menos).

Exercícios

1) Um engenheiro de produção selecionou uma amostra aleatória de 12 medidas da tensão de ruptura de certo tipo de fio de algodão, a qual apresentou uma tensão média de ruptura de 7,38 kg. Sabendo-se que em medidas feitas anteriormente pode-se considerar o desvio-padrão como sendo 1,24 kg, determinar um intervalo de 95% de confiança para a verdadeira tensão média de ruptura desse tipo de fio.

Resposta: Portanto, o intervalo de .... % de confiança para a verdadeira tensão média de ruptura de todos os fios de algodão desse tipo é de .... a .... kg.

2) Uma indústria elétrica fabrica lâmpadas com vida útil distribuída normalmente, cujo desvio-padrão é de 42 horas. Um engenheiro eletricista selecionou uma amostra aleatória de 35 lâmpadas a qual apresentou vida útil média de 810 horas.

Determinar um intervalo de 94% de confiança para a média populacional da vida útil de todas as lâmpadas produzidas por essa indústria.

Resposta: Portanto, o intervalo de .... % de confiança para ....

3) Para verificar a concentração de zinco em certo rio, um engenheiro ambiental selecionou uma amostra aleatória com 42 observações obtidas em diversos locais desse rio, e encontrou uma média de 2,5 g/ml (gramas por mililitro) desse material. Determinar:

a) A média pontual de concentração de zinco nesse rio.

b) O intervalo de 93% de confiança para a média de concentração de zinco nesse rio. Admita que o desvio-padrão da concentração desse material seja igual a 0,3 g/ml.

4) Um engenheiro mecânico selecionou uma amostra aleatória de 300 rolamentos esféricos produzidos por certa máquina, durante uma semana, e verificou que as medidas dos diâmetros desses rolamentos apresentaram uma média de 25,1 mm. Por medições feitas anteriormente, sabe-se que o desvio-padrão é de 0,9 mm.

Determinar o intervalo de 99% de confiança para o diâmetro médio de todos os rolamentos esféricos produzidos por essa máquina.

Resposta: Portanto, o intervalo de .... % de confiança para o verdadeiro diâmetro médio de todos os rolamentos esféricos produzidos por essa máquina é de .... a .... mm.

5) Uma engenheira química está estudando o rendimento de um processo químico. Por experiências prévias com esse processo, sabe-se que o rendimento é normalmente distribuído e que o desvio-padrão é igual a 3%. Os últimos cinco dias de operação com esse processo resultaram nos seguintes percentuais: 91,6; 88,75; 90,8; 89,95 e 91,3.

a) Calcular o rendimento médio desse processo químico nesse período.

b) Considerando o desvio-padrão dado no enunciado, determinar o intervalo de 92% de confiança para o verdadeiro rendimento médio desse processo.

6) Um engenheiro civil encomendou certo tipo de concreto e está querendo analisar a sua resistência quanto à compressão. O vendedor informou que a resistência do concreto é distribuída normalmente, e que o desvio-padrão pode ser considerado como sendo igual a 0,22 MPa (Mega Pascal). Sabendo que uma amostra aleatória de 12 corpos de prova apresentou uma resistência média à compressão de 22,39

MPa, construir um intervalo de 98% de confiança para a verdadeira resistência média à compressão desse tipo de concreto.

Respostas:

1) 6,678 a 8,082 kg; 2) 796,6 a 823,4 horas; 3) a) 2,5 g/ml; b) 2,42 a 2,58 g/ml; 4) 24,97 a 25,23 mm; 5) a) 90,48%; b) 88,119% a 92,841%; 6) 22,242 a 22,538 MPa.

10.3.2 Erro de estimativa da média

O **erro de estimativa** (ou **margem de erro**) num intervalo de confiança da média populacional é a **metade** da amplitude desse intervalo, ou seja,

$$\boxed{E = z \cdot \frac{\sigma}{\sqrt{n}}}$$ (II) que é o máximo do desvio (diferença) entre as médias amostral e populacional.

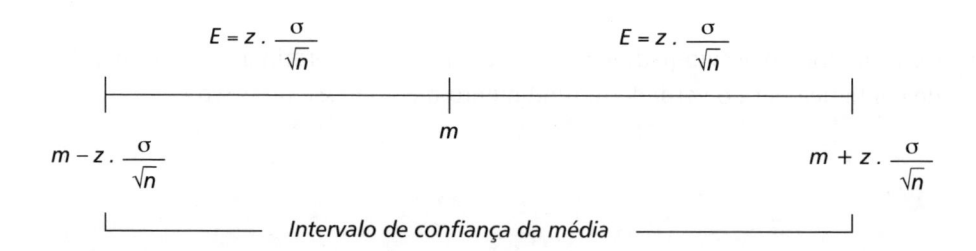

10.3.3 Erro-padrão da média

O **desvio-padrão da distribuição amostral** de média, chamado de **erro-padrão da média**, é dado por:

$$\boxed{e = \frac{\sigma}{\sqrt{n}}} \quad \text{(III)} \qquad \text{onde,} \quad \sigma = \text{desvio-padrão populacional}$$
$$n = \text{tamanho da amostra}$$

Exemplo (erro de estimativa e erro-padrão)

Um engenheiro químico pretende estimar o tempo médio de secagem de uma nova marca de tinta látex. Uma amostra de 25 pinturas feitas em semelhantes locais e condições, revelou um tempo médio de secagem de 4,7 horas. Sabendo que o desvio-padrão populacional é de 1,1 hora, determinar:

a) O tempo médio **pontual** de secagem desse tipo de tinta.

Resposta: O tempo médio pontual de secagem dessa tinta **é o próprio tempo médio obtido na amostra**, ou seja, 4,7 horas.

b) O **intervalo de 98% de confiança** para o verdadeiro tempo médio de secagem dessa tinta.

Solução:
Dados:

$m = 4,7$ h (média amostral)

$\sigma = 1,1$ h (desvio-padrão populacional)

$n = 25$ (número de elementos da amostra, isto é, número de pinturas)

Como o tamanho da amostra é $n = 25$ (pequena amostra, pois $n \leq 30$), mas o desvio-padrão populacional é **conhecido**, então devemos utilizar a Tabela 1 (tabela do coeficiente z): Para 98% de confiança, o valor de z é 2,33 (esse valor corresponde a uma área de 49% na tabela).

Assim, pela **fórmula (I):** $\boxed{m \pm z \cdot \frac{\sigma}{\sqrt{n}}}$, temos:

$$4,7 \pm 2,33 \cdot \frac{1,1}{\sqrt{25}} \Rightarrow 4,7 \pm 0,51 \Rightarrow \text{de } 4,19 \text{ a } 5,21 \text{ h.}$$

Resposta: Portanto, o intervalo de 98% de confiança para o verdadeiro tempo médio de secagem dessa tinta é de 4,19 a 5,21 h.

c) O **erro máximo de estimativa da média** populacional (ou **margem de erro**) para uma confiança de 90%.

Solução: Para 90% de confiança, $z = 1{,}65$ (esse valor corresponde a uma área de 45% na Tabela 1).

Pela **fórmula (II):** $\boxed{E = z \cdot \dfrac{\sigma}{\sqrt{n}}}$, temos: $E = 1{,}65 \cdot \dfrac{1{,}1}{\sqrt{25}} \Rightarrow E = 0{,}36$, portanto, para uma confiança de 90%, o erro máximo de estimativa do tempo médio de secagem dessa tinta é de 0,36 h.

d) O **erro-padrão da média** do tempo de secagem dessa tinta.

Solução: Pela **fórmula (III):** $\boxed{e = \dfrac{\sigma}{\sqrt{n}}}$, temos: $e = \dfrac{1{,}1}{\sqrt{25}} \Rightarrow e = 0{,}22$, portanto, o erro-padrão da média é igual a 0,22 h.

Exercício

Certo tipo de máquina automática é usado por uma indústria para encher garrafas plásticas de certo produto. O engenheiro de controle e automação dessa indústria seleciona aleatoriamente 20 garrafas da máquina, obtendo um volume médio de enchimento de 883,7 ml. Sabendo que o volume de enchimento nas garrafas é normalmente distribuído, com um desvio-padrão de 6,3 ml, determinar:

a) O volume médio pontual desse produto nas garrafas colocado por essa máquina.

b) O intervalo de 95% de confiança para o verdadeiro volume médio desse produto nas garrafas colocado por essa máquina.

Resposta: O intervalo de ....% de confiança para o verdadeiro volume médio desse produto colocado nas garrafas por essa máquina é de .... a .... ml.

c) O erro máximo de estimativa (margem de erro) do volume médio de enchimento desse produto nas garrafas, referente à letra **(b)**.

d) O erro-padrão do volume médio desse produto nas garrafas.

Respostas:

a) 883,7 ml; **b)** 880,94 a 886,46 ml; **c)** 2,76 ml; **d)** 1,41 ml.

10.3.4 Fator de correção para população finita

Quando a obtenção da amostra de uma população **finita** é feita sem reposição, e **o tamanho da amostra (n) é superior a 5% do tamanho da população (N)**, devemos aplicar o seguinte **fator de correção para população finita** para modificar os desvios-padrões das fórmulas anteriores: $\sqrt{\dfrac{N-n}{N-1}}$ **(IV)**

onde,

N = número de elementos da população

n = número de elementos da amostra

10.3.5 Estimativa da média utilizando o fator de correção para população finita

Para estimar uma média populacional, quando a população é finita e o tamanho da amostra (n) é superior a 5% do tamanho da população (N), devemos utilizar a seguinte fórmula: $\boxed{m \pm z \cdot \dfrac{\sigma}{\sqrt{n}} \cdot \sqrt{\dfrac{N-n}{N-1}}}$ (V)

10.3.6 Erro de estimativa da média utilizando o fator de correção para população finita

Quando a população é finita e **o tamanho da amostra (n) é superior a 5% do tamanho da população (N)**, o **erro de estimativa da média populacional** é dado por: $\boxed{E = z \cdot \dfrac{\sigma}{\sqrt{n}} \cdot \sqrt{\dfrac{N-n}{N-1}}}$ (VI)

10.3.7 Erro-padrão da média utilizando o fator de correção para população finita

Quando a população é finita e **o tamanho da amostra (n) é superior a 5% do tamanho da população (N)**, o **erro-padrão da média populacional** é dado por: $\boxed{e = \dfrac{\sigma}{\sqrt{n}} \cdot \sqrt{\dfrac{N-n}{N-1}}}$ (VII)

Exemplos (estimativa da média e fator de correção)

1) De um lote completo de N rolamentos esféricos produzidos durante uma semana por certa máquina, um engenheiro mecânico retirou, sem reposição, uma amostra aleatória de 150 rolamentos e, em seguida, foram medidos os diâmetros dessas peças, os quais apresentaram uma média de 0,725 *in* (polegada). Por medições feitas anteriormente, admite-se que o desvio-padrão das medidas dos diâmetros desses rolamentos é de 0,035 *in*. Determinar os limites de 90% de confiança, para o verdadeiro diâmetro médio de todos os rolamentos esféricos desse lote, produzidos por essa máquina durante essa semana, quando:

a) $N = 2000$

Solução: Como a população é **finita** e o tamanho da amostra em relação ao da população é:

$\dfrac{n}{N} \cdot 100 = \dfrac{150}{2000} \cdot 100 = 7,5\% > 5\%$, então **devemos usar o fator de correção para população finita**, e como o desvio-padrão populacional é **conhecido**, para uma confiança de 90%, o valor de **z** (Tabela 1) é 1,65.

Assim, pela **fórmula (V)**: $\boxed{m \pm z \cdot \dfrac{\sigma}{\sqrt{n}} \cdot \sqrt{\dfrac{N-n}{N-1}}}$, temos:

$0,725 \pm 1,65 \cdot \dfrac{0,035}{\sqrt{150}} \cdot \sqrt{\dfrac{2000-150}{2000-1}} \Rightarrow 0,725 \pm 0,0045 \Rightarrow$ de 0,7205 a 0,7295 *in*.

Resposta: Portanto, o intervalo de 90% de confiança para o verdadeiro diâmetro médio de todos os rolamentos esféricos desse lote, produzidos por essa máquina, é de 0,7205 a 0,7295 *in*.

b) $N = 5000$

Solução: Como a população é **finita** e o tamanho da amostra em relação ao da população é:

$\dfrac{n}{N} \cdot 100 = \dfrac{150}{5000} \cdot 100 = 3\% < 5\%$, então **não devemos usar o fator de correção para população finita**.

Assim, pela **fórmula (I)**: $\boxed{m \pm z \cdot \dfrac{\sigma}{\sqrt{n}}}$, temos:

$0,725 \pm 1,65 \cdot \dfrac{0,035}{\sqrt{150}} \Rightarrow 0,725 \pm 0,0047 \Rightarrow$ de 0,7203 a 0,7297 *in*.

Resposta: Portanto, o intervalo de 90% de confiança para o verdadeiro diâmetro médio de todos os rolamentos esféricos desse lote, produzidos por essa máquina, é de 0,7203 a 0,7297 *in*.

2) No **exemplo (1) (a)**, determinar o **erro máximo de estimativa da média**.

Solução: Pela **fórmula (VI)**: $\boxed{E = z \cdot \dfrac{\sigma}{\sqrt{n}} \cdot \sqrt{\dfrac{N-n}{N-1}}}$, temos:

$$E = 1{,}65 \cdot \frac{0{,}035}{\sqrt{150}} \cdot \sqrt{\frac{2000-150}{2000-1}} \Rightarrow E = 0{,}0045 \text{ in.}$$

3) No **exemplo (1) (b)**, determinar o **erro máximo de estimativa da média**.

   Solução: Pela **fórmula (II)**: $\boxed{E = z \cdot \dfrac{\sigma}{\sqrt{n}}}$, temos:

$$E = 1{,}65 \cdot \frac{0{,}035}{\sqrt{150}} \Rightarrow E = 0{,}0047 \text{ in.}$$

4) No **exemplo (1) (a)**, determinar o **erro-padrão da média**.

   Solução: Pela **fórmula (VII)**: $\boxed{e = \dfrac{\sigma}{\sqrt{n}} \cdot \sqrt{\dfrac{N-n}{N-1}}}$, temos:

$$e = \frac{0{,}035}{\sqrt{150}} \cdot \sqrt{\frac{2000-150}{2000-1}} \Rightarrow e = 0{,}0027 \text{ in.}$$

5) No **exemplo (1) (b)**, determinar o **erro-padrão da média**.

   Solução: Pela **fórmula (III)**: $\boxed{e = \dfrac{\sigma}{\sqrt{n}}}$, temos:

$$e = \frac{0{,}035}{\sqrt{150}} \Rightarrow e = 0{,}0029 \text{ in.}$$

6) Por que os resultados dos exemplos 4 e 5 são diferentes?

   Resposta: O erro-padrão da média encontrado no exemplo 4 é menor que o do exemplo 5, pois no exemplo 4, o tamanho da amostra em relação ao tamanho da população é superior a 5%, enquanto no exemplo 5 é inferior a 5%, significando que, estatisticamente, a amostra do exemplo 4 é bem mais representativa, fato este que minimiza as variações entre as médias amostrais.

Exercícios

1) O administrador de uma indústria que tem N empregados deseja verificar o grau de satisfação de seus funcionários em relação à qualidade das refeições servidas por uma nova empresa recentemente contratada. Para tanto, foi selecionada uma

amostra aleatória de 80 empregados e, numa escala de 0 a 10, o grau de satisfação recebeu nota média 6,4. Sabendo que o desvio-padrão populacional é de 2,2, construir um intervalo de 90% de confiança para a nota média de satisfação de todos os funcionários dessa indústria, sendo:

a) $N = 1465$

Resposta: O intervalo de ....% de confiança para a nota média de satisfação ....

b) $N = 2748$

2) Na letra (a) do **exercício (1)**, determine o **erro máximo de estimativa da média**.

3) Na letra (b) do **exercício (1)**, determine o **erro máximo de estimativa da média**.

4) Na letra (a) do **exercício (1)**, determine o **erro-padrão da média**.

5) Na letra (b) do **exercício (1)**, determine o **erro-padrão da média**.

Respostas:

1) a) 6,01 a 6,79; b) 5,99 a 6,81; 2) 0,39; 3) 0,41; 4) 0,24; 5) 0,25.

10.3.8 Tamanho da amostra

Quando desejamos obter uma **amostra para estimar uma média populacional**, a nossa primeira preocupação é saber o **tamanho da amostra**, isto é, o valor de n.

Recordemos que o erro de estimativa da média é dado pela **fórmula (II)**: $E = z \cdot \dfrac{\sigma}{\sqrt{n}}$. A partir dessa fórmula, temos:

$$E = z \cdot \frac{\sigma}{\sqrt{n}} \Rightarrow \sqrt{n} = z \cdot \frac{\sigma}{E} \Rightarrow n = \frac{z^2 \cdot \sigma^2}{E^2} \text{ ou } \boxed{n = \left(\frac{z \cdot \sigma}{E}\right)^2} \quad \text{(VIII)}$$

Note que o tamanho da amostra (n) depende das seguintes condições:

a) do **grau de confiança** desejado (**z**);
b) do **desvio-padrão populacional** (σ);
c) do **erro de estimativa da média** pretendido ou tolerável (E).

REGRA DO ARREDONDAMENTO PARA O TAMANHO DA AMOSTRA

No cálculo da fórmula para determinação do **TAMANHO DA AMOSTRA (*n*)**, se o resultado **não for um número inteiro**, devemos considerar **sempre o próximo inteiro** mais elevado.

Exemplos

1) O engenheiro de controle e automação, responsável pela fabricação de certo tipo de equipamento produzido por uma indústria, precisa determinar o tempo médio que se gasta para perfurar dez orifícios em uma placa de metal utilizada para fixação de diversos componentes nesse equipamento. Por experiência prévia, pode-se admitir um desvio-padrão em torno de 40 s (segundos). Com um erro de estimativa de 14 s e uma confiança de 95%, calcular o tamanho da amostra necessário para estimar o tempo médio para fazer essas perfurações nas placas.

Solução: Pela **fórmula (VIII):** $\boxed{n = \left(\dfrac{z \cdot \sigma}{E}\right)^2}$, temos:

$$n = \left(\frac{1{,}96 \cdot 40}{14}\right)^2 = 31{,}36 \Rightarrow \boxed{n = 32 \text{ placas}}$$

2) Através de registros feitos pelo fabricante de certo tipo de esterilizador de instrumentos metálicos, sabe-se que a variância das temperaturas é de aproximadamente 900(°C)². Um engenheiro químico pretende fazer uma estimativa da temperatura média do esterilizador necessária para a completa destruição dos micro-organismos. Determinar, com um nível de 90% de confiança e um erro máximo de 6°C, o tamanho da amostra para avaliar essa estimativa.

(**Lembrete:** O desvio-padrão é a raiz quadrada da variância, ou seja,
$\sigma = \sqrt{var} = \sqrt{900} \Rightarrow \sigma = 30°C$).

Solução: Pela **fórmula (VIII):** $\boxed{n = \left(\dfrac{z \cdot \sigma}{E}\right)^2}$, temos:

$$n = \left(\dfrac{1{,}65 \cdot 30}{6}\right)^2 = 68{,}06 \Rightarrow \boxed{n = 69 \text{ verificações}}$$

3) **a)** Um pronto-socorro está interessado em estimar, com uma confiança de 95%, o tempo médio de chegada de uma ambulância para atendimento médico a chamadas de emergência em determinada localidade. Considerando um erro máximo de estimativa do tempo médio de chegada da ambulância de 7 minutos e um desvio-padrão desses tempos de 12 minutos, calcular o tamanho mínimo da amostra necessário para essa estimativa.

Solução:

Pela **fórmula (VIII):** $\boxed{n = \left(\dfrac{z \cdot \sigma}{E}\right)^2}$, temos:

$$n = \left(\dfrac{1{,}96 \cdot 12}{7}\right)^2 = 11{,}2896 \Rightarrow \boxed{n = 12 \text{ observações}}$$

b) É necessário supor a normalidade da população?

Resposta: Em Estatística, quando o tamanho da amostra é superior a 30 observações, a distribuição das médias é aproximadamente normal, mas, como $n = 12$ (pequena amostra, pois $n \leq 30$), então é necessário supor que a população tenha distribuição normal, ou aproximadamente normal.

Exercício

O engenheiro mecânico de uma indústria fabricante de certo tipo de máquina deseja estimar o número médio de horas necessário para o treinamento dos funcionários que irão operar esse equipamento, com um erro de 1,2 hora (para mais ou para menos) e com uma confiança de α%. Com base em dados de outros treinamentos realizados por esse fabricante, ele estima um desvio-padrão de 4,1 horas. Determinar o tamanho mínimo da amostra de funcionários para estimar esse número médio de horas de treinamento quando:

a) α = 98%

b) α = 92%

c) α = 90%

Respostas:

a) 64 funcionários; b) 37 funcionários; c) 32 funcionários.

10.3.9 Tamanho da amostra para população finita (para estimativa da média populacional)

Quando desejamos obter uma **amostra de uma população finita** para estimativa da média populacional, o procedimento é idêntico ao utilizado para encontrar a fórmula anterior.

Da **fórmula (VI):** $\boxed{E = z \cdot \dfrac{\sigma}{\sqrt{n}} \cdot \sqrt{\dfrac{N-n}{N-1}}}$, obtemos $\dfrac{\sqrt{n} \cdot E}{z \cdot \sigma} = \sqrt{\dfrac{N-n}{N-1}}$. Elevando ao quadrado ambos os membros dessa igualdade, temos:

$$\dfrac{n \cdot E^2}{z^2 \cdot \sigma^2} = \dfrac{N-n}{N-1} \Rightarrow n \cdot E^2 \cdot (N-1) = (N-n) \cdot z^2 \cdot \sigma^2 \Rightarrow n \cdot (N-1) \cdot E^2 = N \cdot z^2 \cdot \sigma^2 - n \cdot z^2 \cdot \sigma^2$$

$$\Rightarrow n \cdot (N-1) \cdot E^2 + n \cdot z^2 \cdot \sigma^2 = N \cdot z^2 \cdot \sigma^2 \Rightarrow n \cdot [(N-1) \cdot E^2 + z^2 \cdot \sigma^2] = N \cdot z^2 \cdot \sigma^2$$

Logo, $\boxed{n = \dfrac{N \cdot z^2 \cdot \sigma^2}{(N-1) \cdot E^2 + z^2 \cdot \sigma^2}}$ **(IX)**

onde,

N = tamanho da população

n = tamanho da amostra

z = coeficiente de confiança desejado (Tabela 1)

σ = desvio-padrão populacional

E = erro de estimativa pretendido ou tolerável

Exemplo

Um cliente encomendou de certa indústria um lote de 5000 unidades de certo tipo de peça. O engenheiro responsável pela qualidade do produto pretende examinar uma amostra de peças desse lote para fazer uma estimativa de seu comprimento médio antes de entregá-lo ao cliente. Sabe-se que o desvio-padrão do processo de fabricação dessa peça é de 3 mm. Com uma confiança de 95% e um erro de estimativa de 1 mm, determinar o tamanho mínimo que deve ter essa amostra.

Solução:

Dados:

N = 5000 (tamanho da população)

z = 1,96 (coeficiente para um grau de 95% de confiança)

σ = 3 mm (desvio-padrão populacional)

E = 1 mm (erro de estimativa pretendido)

Pela **fórmula (IX):** $\boxed{n = \dfrac{N \cdot z^2 \cdot \sigma^2}{(N-1) \cdot E^2 + z^2 \cdot \sigma^2}}$, temos:

$$n = \frac{5000 \cdot (1{,}96)^2 \cdot 3^2}{(5000 - 1) \cdot 1^2 + (1{,}96)^2 \cdot 3^2} \Rightarrow \frac{172872}{4999 + 34{,}5744} = \frac{172872}{5033{,}5744} =$$

$= 34{,}34 \Rightarrow \boxed{n = 35 \text{ peças}}$

10.4 2º Caso: Estimativa da média populacional quando o desvio-padrão populacional é DESCONHECIDO

INTRODUÇÃO

Neste caso, que **é o mais comum**, substituímos o desvio-padrão populacional (σ) pelo desvio-padrão amostral (s), que é uma boa aproximação do verdadeiro valor.

Pelo **Teorema Central do Limite** (ver enunciado abaixo) temos que, quando o número de elementos da amostra for $n > 30$ (grande amostra), a distribuição das médias é aproximadamente normal (o valor do **coeficiente z** é dado pela **Tabela 1**). Porém, se $n \leq 30$ (pequena amostra) devemos usar a **distribuição t (de Student)**, que é o correto para o desvio-padrão amostral s (o valor do **coeficiente t** é dado pela **Tabela 2**).

NOTA: Student é o pseudônimo do químico e matemático inglês William Sealy Gosset (1876-1937), funcionário da Cervejaria irlandesa Guinness Brewing Company, em Dublin, no início do século XX, criador da **distribuição t**.

A **forma da distribuição t é muito parecida com a normal z**. A principal diferença entre as duas distribuições é que a **distribuição t** tem área maior nas caudas (ver figura abaixo).

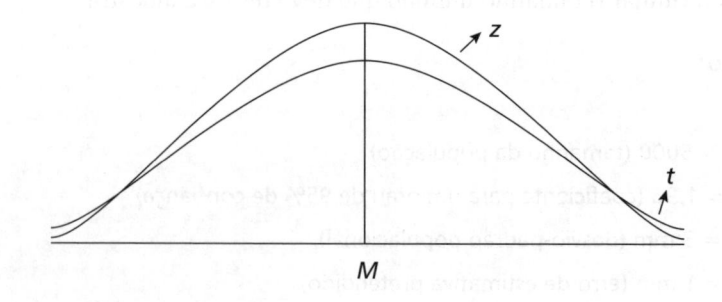

10.4.1 Teorema central do limite

À medida que se aumenta o tamanho da amostra, a distribuição de amostragem da média se aproxima da forma da distribuição normal, qualquer que seja a forma da distribuição da população.

Na prática, quando o tamanho da amostra (n) for superior a 30 observações, isto é, **n > 30** (grande amostra), a distribuição de amostragem da média pode ser considerada como aproximadamente normal.

10.4.2 Como usar a Tabela 2 (tabela do coeficiente t)

Para encontrar os valores de t na **Tabela 2 (Tabela t de Student)**, precisamos saber duas coisas:

1ª) o nível de confiança desejado;

2ª) o número de graus de liberdade ($gl = n - 1$).

Exemplos (valor de t na Tabela 2)

Conhecendo-se apenas o desvio-padrão amostral (s), determinar os valores críticos de t na **Tabela 2** quando:

1) $n = 16$ (pequena amostra, pois $n \leq 30$) e **90% de confiança**.

Solução: Linha da tabela: $n - 1 = 16 - 1 = 15$ graus de liberdade (ou seja, **linha 15** da Tabela 2).

Coluna da tabela: Como a confiança é de 90%, então a **metade da diferença** entre 100% e 90% é igual a **5%,** e que corresponde à **área no extremo de cada cauda da curva**, logo devemos utilizar a **coluna 0,05** (5%) da Tabela 2, como segue:

Tabela 2

Graus de liberdade	Área no extremo da cauda				
	0,10	**0,05**	0,025		
1		↓			
2		↓			
3		↓			
		↓			
		↓			
		↓			
14		↓			
15	→	**1,753**			
16					

Portanto, os valores críticos de t para $n = 16$ e uma confiança de 90%, na Tabela 2, são: $\boxed{t = \pm 1{,}753}$.

Obs.: O valor **negativo** de t (– 1,753) corresponde à área de 45% que se localiza à **esquerda** da linha média (central), e o valor **positivo** de t (+ 1,753) corresponde à área de 45% que se localiza à **direita** da linha média.

2) $n = 10$ (pequena amostra, pois $n \leq 30$) e **95% de confiança**.

Solução: Linha da tabela: $n - 1 = 10 - 1 = 9$ graus de liberdade (ou seja, **linha 9** da Tabela 2).

Coluna da tabela: é a **coluna 0,025** (2,5%), para uma confiança de 95%.

Portanto, a área de probabilidade de 2,5% situada no extremo de cada cauda da curva de probabilidade corresponde aos seguintes valores críticos: $\boxed{t = \pm 2{,}262}$.

Exercício

Encontre os valores críticos de t (Tabela 2) para a estimativa da média populacional, sendo conhecido o desvio-padrão amostral (s), quando:

1) $n = 25$ e 90% de confiança.

4) $n = 13$ e 99,5% de confiança.

2) n = 8 e 95% de confiança.

3) n = 19 e 80% de confiança.

5) n = 16 e 99% de confiança.

6) n = 10 e 98% de confiança.

Respostas:

1) $t = \pm 1,711$; 2) $t = \pm 2,365$; 3) $t = \pm 1,330$; 4) $t = \pm 3,428$; 5) $t = \pm 2,947$; 6) $t = \pm 2,821$.

10.4.3 Estimativa da média populacional

1ª fórmula: Quando temos uma **pequena amostra** (isto é, $n \leq 30$), o desvio-padrão populacional σ é **desconhecido** (isto é, é **conhecido** o **desvio-padrão amostral** *s*) e a população é normalmente distribuída, devemos usar a **Tabela 2 (coeficiente *t*)** para estimar a verdadeira média populacional *M*.

Assim, sendo *m* a média amostral, o intervalo de confiança da média populacional é dado por:

$$\boxed{m \pm t \cdot \frac{s}{\sqrt{n}}}$$ **(X)** (quando o desvio-padrão populacional é **desconhecido** e $n \leq 30$)

Exemplos (intervalo de confiança usando a Tabela 2)

1) Um engenheiro de produção selecionou uma amostra aleatória de 12 medidas da tensão de ruptura de certo tipo de fio de algodão, a qual apresentou uma tensão média de ruptura de 7,38 kg e um desvio-padrão de 1,24 kg. Determinar um intervalo de 95% de confiança para a verdadeira tensão média de ruptura desse tipo de fio.

Solução: Como $n = 12$ (pequena amostra, pois $n \leq 30$) **e** o desvio-padrão populacional (σ) é **desconhecido**, isto é, é **conhecido o desvio-padrão amostral** (*s*), devemos utilizar a **Tabela 2 (coeficiente *t*)**. Para uma confiança de 95%, o valor de *t* na tabela (linha $n - 1 = 12 - 1 = 11$ e coluna 0,025) é: **$t = 2,201$**.

Assim, pela **fórmula (X)**: $\boxed{m \pm t \cdot \dfrac{s}{\sqrt{n}}}$, temos:

$$7{,}38 \pm 2{,}201 \cdot \dfrac{1{,}24}{\sqrt{12}} \Rightarrow 7{,}38 \pm 0{,}788 \Rightarrow \text{de } \mathbf{6{,}592} \text{ a } \mathbf{8{,}168} \text{ kg.}$$

Resposta: Portanto, o intervalo de 95% de confiança para a verdadeira tensão média de ruptura desse tipo de fio de algodão é de 6,592 a 8,168 kg.

2) Um engenheiro eletricista de uma fábrica de lâmpadas testou uma amostra aleatória de 8 lâmpadas, a qual apresentou vida útil média de 1120 horas, com desvio-padrão de 125 horas. Determinar um intervalo de 90% de confiança para a verdadeira vida útil média dessas lâmpadas.

Solução: Como $n = 8$ (pequena amostra, pois $n \leq 30$) e o desvio-padrão é o **amostral** (s), então, para uma confiança de 90%, o valor de t na Tabela 2 (linha $n - 1 = 8 - 1 = 7$ e coluna 0,05) é: $t = \mathbf{1{,}895}$.

Assim, pela **fórmula (X)**: $\boxed{m \pm t \cdot \dfrac{s}{\sqrt{n}}}$, temos:

$$1120 \pm 1{,}895 \cdot \dfrac{125}{\sqrt{8}} \Rightarrow 1120 \pm 83{,}7 \Rightarrow \text{de } \mathbf{1036{,}3} \text{ a } \mathbf{1203{,}7} \text{ h.}$$

Resposta: Portanto, o intervalo de 90% de confiança para a verdadeira vida útil média de todas as lâmpadas desse tipo produzidas por essa fábrica é de 1036,3 e 1203,7 h.

2ª fórmula: Se o desvio-padrão populacional é **desconhecido** (isto é, é conhecido o **desvio-padrão amostral** s), mas temos uma **grande amostra** ($n > 30$), então o valor de t (Tabela 2) pode ser aproximado por z (Tabela 1), pois para amostras muito grandes, os valores de z e de t são muito próximos (por exemplo, para o grau de confiança de 95%, na Tabela 1 encontramos $z = 1{,}96$ e, na Tabela 2, para $gl = \infty$, também encontramos $t = 1{,}96$).

Neste caso, devemos utilizar a seguinte **fórmula** para estimar a média populacional:

$\boxed{m \pm z \cdot \dfrac{s}{\sqrt{n}}}$ (XI) (quando o desvio-padrão populacional é **desconhecido** e $n > 30$)

Exemplo (intervalo de confiança usando a Tabela 1)

Um engenheiro de produção selecionou uma amostra aleatória de 40 medidas da tensão de ruptura de certo tipo de fio de algodão, a qual apresentou uma tensão média de ruptura de 7,38 kg e um desvio-padrão de 1,24 kg. Determinar um intervalo de 95% de confiança para a verdadeira tensão média de ruptura desse tipo de fio.

Solução: Como $n = 40$ (grande amostra, pois $n > 30$), então devemos utilizar a **Tabela 1 (coeficiente z)**, cujo valor, para uma confiança de 95%, é $z = 1,96$ (esse valor corresponde a uma área de 47,5% na tabela).

Pela **fórmula (XI):** $\boxed{m \pm z \cdot \dfrac{s}{\sqrt{n}}}$, temos:

$$7,38 \pm 1,96 \cdot \frac{1,24}{\sqrt{40}} \Rightarrow 7,38 \pm 0,384 \Rightarrow \text{de } \mathbf{6,996} \text{ a } \mathbf{7,764} \text{ kg}.$$

Resposta: Portanto, o intervalo de 95% de confiança para a verdadeira tensão média de ruptura desse tipo de fio de algodão é de 6,996 a 7,764 kg.

10.4.4 Estimativa da média populacional utilizando o fator de correção para população finita

Vimos anteriormente que, numa amostragem sem reposição, quando **a população é finita** (de tamanho N) **e o tamanho da amostra (n) é superior a 5% do tamanho da população**, devemos acrescentar o **fator de correção para população finita (fórmula IV)** nas fórmulas anteriores.

Assim, as **fórmulas (X) e (XI)** ficarão, respectivamente:

$\boxed{m \pm t \cdot \dfrac{s}{\sqrt{n}} \cdot \sqrt{\dfrac{N-n}{N-1}}}$ (XII)	(para ser utilizada quando o desvio-padrão populacional é **desconhecido**, a população é **finita**, $n \le 30$ (pequena amostra) e **n** é **superior** a 5% do tamanho da população)
$\boxed{m \pm z \cdot \dfrac{s}{\sqrt{n}} \cdot \sqrt{\dfrac{N-n}{N-1}}}$ (XIII)	(para ser utilizada quando o desvio-padrão populacional é **desconhecido**, a população é **finita**, $n > 30$ (grande amostra) e **n** é **superior** a 5% do tamanho da população)

Obs.: Quando aplicarmos as **fórmulas (XII)** e **(XIII)** para estimar uma média populacional, para se calcular o **erro de estimativa da média** e o **erro-padrão da média**, também devemos utilizar o fator de correção para população finita.

Exemplos (intervalo de confiança e fator de correção)

O setor de compras de uma empresa recebeu um lote completo de 400 unidades de determinado tipo de peça. Para estimar o peso médio de todas as peças adquiridas, uma engenheira de produção selecionou uma amostra aleatória de n unidades (sem reposição), a qual apresentou um peso médio de 243 g, com um desvio-padrão de 16 g. Supondo que a distribuição desses pesos é aproximadamente normal, construir um intervalo de 95% de confiança para o verdadeiro peso médio das peças desse lote, sendo:

a) $n = 25$

Solução: Como a população é **finita** e o tamanho da amostra (n) em relação ao da população (N) é:

$$\frac{n}{N} \cdot 100 = \frac{25}{400} \cdot 100 = 6{,}25\% > 5\%,$$ então **devemos usar o fator de correção para população finita**, e como $n = 25$ (pequena amostra, pois $n \leq 30$) **e o desvio-padrão é o amostral (s)**, então devemos utilizar a **Tabela 2** (coeficiente t), cujo valor, para uma confiança de 95%, é $t = 2{,}064$ (esse valor se encontra na linha: $n - 1 = 25 - 1 = 24$ e coluna 0,025 da tabela). Assim, pela **fórmula (XII)**: $\boxed{m \pm t \cdot \frac{s}{\sqrt{n}} \cdot \sqrt{\frac{N-n}{N-1}}}$, temos:

$$243 \pm 2{,}064 \cdot \frac{16}{\sqrt{25}} \cdot \sqrt{\frac{400-25}{400-1}} \Rightarrow 243 \pm 6{,}4 \Rightarrow \text{de } \mathbf{236{,}6 \text{ a } 249{,}4} \text{ g.}$$

Resposta: Portanto, o intervalo de 95% de confiança para o peso médio de todas as peças desse lote é de 236,6 a 249,4 g.

b) $n = 40$

Solução: Como a população é **finita** e o tamanho da amostra (n) em relação ao da população (N) é:

$$\frac{n}{N} \cdot 100 = \frac{40}{400} \cdot 100 = 10\% > 5\%,$$ então **devemos usar o fator de correção para população finita**.

E como $n = 40$ (grande amostra, pois $n > 30$), então devemos utilizar a **Tabela 1** (coeficiente z), cujo valor, para uma confiança de 95%, é $z = 1{,}96$ (esse valor corresponde a uma área de 47,5% na tabela).

Assim, pela **fórmula (XIII)**: $\boxed{m \pm z \cdot \dfrac{s}{\sqrt{n}} \cdot \sqrt{\dfrac{N-n}{N-1}}}$, temos:

$$243 \pm 1{,}96 \cdot \dfrac{16}{\sqrt{40}} \cdot \sqrt{\dfrac{400-40}{400-1}} \Rightarrow 243 \pm 4{,}7 \Rightarrow \text{de } \mathbf{238{,}3} \text{ a } \mathbf{247{,}7} \text{ g.}$$

Resposta: Portanto, o intervalo de 95% de confiança para o peso médio de todas as peças desse lote é de 238,3 a 247,7 g.

c) $n = 10$

Solução: Como a população é **finita** e o tamanho da amostra (n) em relação ao da população (N), é:

$\dfrac{n}{N} \cdot 100 = \dfrac{10}{400} \cdot 100 = 2{,}5\% < 5\%$, então **NÃO devemos usar o fator de correção para população finita.**

E como $n = 10$ (pequena amostra, pois $n \leq 30$) e o **desvio-padrão é o amostral** (s), então devemos utilizar a **Tabela 2** (coeficiente t), cujo valor, para uma confiança de 95%, é $t = \mathbf{2{,}262}$ (esse valor se encontra na linha: $n - 1 = 10 - 1 = 9$ e coluna 0,025 da tabela).

Assim, pela **fórmula (X)**: $\boxed{m \pm t \cdot \dfrac{s}{\sqrt{n}}}$, temos:

$$243 \pm 2{,}262 \cdot \dfrac{16}{\sqrt{10}} \Rightarrow 243 \pm 11{,}4 \Rightarrow \text{de } \mathbf{231{,}6} \text{ a } \mathbf{254{,}4} \text{ g.}$$

Resposta: Portanto, o intervalo de 95% de confiança para o peso médio de todas as peças desse lote é de 231,6 a 254,4 g.

LEMBRETES IMPORTANTES

Quando usar as Tabelas 1 e 2:

1º Caso: Dados: $n > 30$ (grande amostra) e o desvio-padrão é o populacional (σ):
Tabela 1

2º Caso: Dados: $n \leq 30$ (pequena amostra) e o desvio-padrão é o populacional (σ):
Tabela 1

3º Caso: Dados: $n > 30$ (grande amostra) e o desvio-padrão é o amostral (s):
Tabela 1

4º Caso: Dados: $n \leq 30$ (pequena amostra) e o desvio-padrão é o amostral (s):
Tabela 2

Obs.: Para $n \leq 30$, a distribuição deve ser sempre aproximadamente normal.

Quando usar o fator de correção para população finita:

Quando a amostragem em uma população finita é feita sem reposição, e o tamanho da amostra (n) em relação ao da população (N) é: $\frac{n}{N} \cdot 100 > 5\%$, ou seja, a amostra é superior a 5% da população, então devemos usar o fator de correção para população finita.

Exemplos

1) Uma engenheira eletricista pretende fazer um estudo para estimar a durabilidade de certo tipo de aparelho elétrico. Para tanto, selecionou uma amostra aleatória de 20 aparelhos, a qual apresentou vida útil média de 1600 horas. Sabendo que a distribuição dos tempos de durabilidade desses aparelhos é aproximadamente normal, com desvio-padrão de 200 horas, determinar um intervalo de 90% de confiança para o verdadeiro tempo médio de durabilidade desses aparelhos.

Solução:

Dados:

m = **1600** h (média amostral)

σ = **200** h (desvio-padrão populacional)

n = **20** (tamanho da amostra)

nível de confiança: **90%**

Coeficiente de confiança: Como $n = 20$ (pequena amostra, pois $n \leq 30$), mas o desvio-padrão **populacional** é **conhecido**, então o coeficiente de confiança é o **z** (Tabela 1), cujo valor para um nível de 90% de confiança é **z = 1,65** (esse valor corresponde a uma área de 45% na tabela).

Assim, pela **fórmula (I)**: $\boxed{m \pm z \cdot \dfrac{\sigma}{\sqrt{n}}}$, temos:

$$1600 \pm 1{,}65 \cdot \frac{200}{\sqrt{20}} \Rightarrow 1600 \pm 73{,}8 \Rightarrow \text{de } \mathbf{1526{,}2} \text{ a } \mathbf{1673{,}8} \text{ h.}$$

Resposta: O intervalo de 90% de confiança para a vida útil média de todos os aparelhos elétricos desse tipo é de 1526,2 a 1673,8 h.

2) Um engenheiro eletricista testou uma amostra aleatória de 25 lâmpadas de determinado tipo, obtento vida útil média de 1000 horas e desvio-padrão de 100 horas. Construir um intervalo de 80% de confiança para a verdadeira vida útil média de todas as lâmpadas desse tipo.

Solução:

Dados:

   $m = \mathbf{1000}$ h (média amostral)

   $s = \mathbf{100}$ h (desvio-padrão amostral)

   $n = \mathbf{25}$ (tamanho da amostra)

   nível de confiança: **80%**

Coeficiente de confiança: Como $n = 25$ (pequena amostra, pois $n \leq 30$) e o desvio-padrão **populacional** é **desconhecido** (isto é, é **conhecido** o desvio-padrão **amostral**), então o coeficiente de confiança é o **t** (Tabela 2), cujo valor para um nível de 80% de confiança é **t = 1,318** (esse valor se encontra na linha: $n - 1 = 25 - 1 = 24$ e coluna 0,10 da tabela).

Assim, pela **fórmula (X)**: $\boxed{m \pm t \cdot \dfrac{s}{\sqrt{n}}}$, temos:

$$1000 \pm 1{,}318 \cdot \frac{100}{\sqrt{25}} \Rightarrow 1000 \pm 26{,}4 \Rightarrow \text{de } \mathbf{973{,}6} \text{ a } \mathbf{1026{,}4} \text{ h.}$$

Resposta: O intervalo de 80% de confiança para a verdadeira vida útil média de todas as lâmpadas desse tipo é de 973,6 a 1026,4 h.

3) Um engenheiro de controle e automação testou uma amostra aleatória de 50 componentes eletrônicos, a qual apresentou vida útil média de 1500 horas, com um desvio-padrão de 180 horas. Determinar um intervalo de 98% de confiança para a verdadeira vida útil média desses componentes.

Solução:
Dados:

$m = 1500$ h (média amostral)

$s = 180$ h (desvio-padrão amostral)

$n = 50$ (tamanho da amostra)

nível de confiança: **98%**

Coeficiente de confiança: Como o desvio-padrão é o **amostral**, mas o tamanho da amostra é $n = 50$ (grande amostra, pois $n > 30$), então o coeficiente de confiança é o **z (Tabela 1)**, cujo valor para um nível de 98% de confiança é $z = 2{,}33$ (esse valor corresponde a uma área de 49% na tabela).

Assim, pela **fórmula (XI)**: $\boxed{m \pm z \cdot \dfrac{s}{\sqrt{n}}}$, temos:

$$1500 \pm 2{,}33 \cdot \dfrac{180}{\sqrt{50}} \Rightarrow 1500 \pm 59{,}3 \Rightarrow \text{de } \mathbf{1440{,}7} \text{ a } \mathbf{1559{,}3} \text{ h}.$$

Resposta: O intervalo de 98% de confiança para a vida útil média de todos os componentes eletrônicos desse tipo é de 1440,7 a 1559,3 h.

4) Um engenheiro eletricista testou uma amostra de 20 transistores escolhidos aleatoriamente de um lote de 350 unidades, obtendo vida útil média de 700 horas e desvio-padrão de 120 horas.

a) Qual é a média pontual da durabilidade desses transistores?

Solução: A média pontual é o próprio valor da média encontrada com os dados da amostra, ou seja, a média pontual da durabilidade de todos os transistores desse lote é de **700 horas**.

b) Construir um intervalo de 95% de confiança para a verdadeira vida útil média de todos os transistores desse lote.

Dados:

$m = 700$ h (média amostral)

$s = 120$ h (desvio-padrão amostral)

$n = 20$ (tamanho da amostra)

$N = 350$ (tamanho da população)

nível de confiança: **95%**

Coeficiente de confiança: Como $n = 20$ (pequena amostra, pois $n \leq 30$) e o desvio-padrão é o **amostral**, então o coeficiente de confiança é o **t** (**Tabela 2**), cujo valor para um nível de 95% de confiança é **t = 2,093** (esse valor se encontra na linha: $n - 1 = 20 - 1 = 19$ e coluna 0,025 da tabela).

Fator de Correção: Como a população é **finita** e o tamanho da amostra em relação ao da população é: $\dfrac{n}{N} \cdot 100 = \dfrac{20}{350} \cdot 100 \approx 5,7\% > 5\%$, ou seja, o tamanho da amostra é **superior a 5%** do tamanho da população, então **devemos UTILIZAR** o fator de correção para população finita.

Assim, pela **fórmula (XII)**: $\boxed{m \pm t \cdot \dfrac{s}{\sqrt{n}} \cdot \sqrt{\dfrac{N-n}{N-1}}}$, temos:

$$700 \pm 2,093 \cdot \dfrac{120}{\sqrt{20}} \cdot \sqrt{\dfrac{350-20}{350-1}} \Rightarrow 700 \pm 54,6 \Rightarrow \text{de } \mathbf{645,4} \text{ a } \mathbf{754,6} \text{ h.}$$

Resposta: O intervalo de 95% de confiança para a verdadeira vida útil média de todos os transistores desse lote é de 645,4 a 754,6 h.

c) Qual é o erro de estimativa da média (margem de erro)?

Solução: Pela **fórmula:** $\boxed{E = t \cdot \dfrac{s}{\sqrt{n}} \cdot \sqrt{\dfrac{N-n}{N-1}}}$, temos:

$$E = 2,093 \cdot \dfrac{120}{\sqrt{20}} \cdot \sqrt{\dfrac{350-20}{350-1}} \Rightarrow \boxed{E = 54,6 \text{ h}}$$

d) Qual é o erro-padrão da média?

Solução: Pela **fórmula:** $\boxed{e = \dfrac{s}{\sqrt{n}} \cdot \sqrt{\dfrac{N-n}{N-1}}}$, temos:

$$e = \dfrac{120}{\sqrt{20}} \cdot \sqrt{\dfrac{350-20}{350-1}} \Rightarrow \boxed{e = 26,1 \text{ h}}$$

5) Um engenheiro eletricista testou uma amostra de 15 transistores escolhidos aleatoriamente de um lote de 600 unidades, obtendo vida útil média de 900 horas e desvio-padrão de 180 horas.

a) Construir um intervalo de 99% de confiança para a verdadeira vida útil média de todos os transistores desse lote.

Dados:

$m = 900$ h (média amostral)

$s = 180$ h (desvio-padrão amostral)

$n = 15$ (tamanho da amostra)

$N = 600$ (tamanho da população)

nível de confiança: **99%**

Coeficiente de confiança: Como $n = 15$ (pequena amostra, pois $n \leq 30$) e o desvio-padrão é o **amostral**, então o coeficiente de confiança é o t **(Tabela 2)**, cujo valor para um nível de 99% de confiança é $t = 2,977$ (esse valor se encontra na linha: $n - 1 = 15 - 1 = 14$ e coluna 0,005 da tabela).

Fator de Correção: Como a população é **finita** e o tamanho da amostra em relação ao da população é: $\frac{n}{N} \cdot 100 = \frac{15}{600} \cdot 100 = 2,5\% < 5\%$, ou seja, o tamanho da amostra é **inferior a 5%** do tamanho da população, então **NÃO devemos UTILIZAR** o fator de correção para população finita.

Assim, pela **fórmula (X):** $\boxed{m \pm t \cdot \frac{s}{\sqrt{n}}}$, temos:

$$900 \pm 2,977 \cdot \frac{180}{\sqrt{15}} \Rightarrow 900 \pm 138,4 \Rightarrow \text{de } \mathbf{761,6} \text{ a } \mathbf{1038,4} \text{ h}.$$

Resposta: O intervalo de 99% de confiança para a verdadeira vida útil média de todos os transistores desse lote é de 761,6 a 1038,4 h.

b) Qual é o erro máximo de estimativa da média (margem de erro)?

Solução: Pela **fórmula:** $\boxed{E = t \cdot \frac{s}{\sqrt{n}}}$, temos:

$$E = 2,977 \cdot \frac{180}{\sqrt{15}} \Rightarrow \boxed{E = 138,4 \text{ h}}$$

c) Qual é o erro-padrão da média?

Solução: Pela **fórmula:** $\boxed{e = \dfrac{s}{\sqrt{n}}}$, temos:

$$e = \dfrac{180}{\sqrt{15}} \Rightarrow \boxed{E = 46,5 \text{ h}}$$

6) Um engenheiro de computação de uma fábrica de componentes eletrônicos testou uma amostra de 35 componentes de um lote de 450 unidades, obtendo vida útil média de 800 horas e desvio-padrão de 150 horas. Construir um intervalo de 98% de confiança para a verdadeira vida útil média de todos os componentes eletrônicos desse lote.

Dados:

$m = 800$ h (média amostral)

$s = 150$ h (desvio-padrão amostral)

$n = 35$ (tamanho da amostra)

$N = 450$ (tamanho da população)

nível de confiança: **98%**

Coeficiente de confiança: Como o desvio-padrão é o **amostral**, mas o tamanho da amostra é $n = 35$ (grande amostra, pois $n > 30$), então o coeficiente de confiança é o **z** (Tabela 1), que, para um nível de 98% de confiança, é **z = 2,33**.

Fator de Correção: Como a população é **finita** e o tamanho da amostra em relação ao da população é: $\dfrac{n}{N} \cdot 100 = \dfrac{35}{450} \cdot 100 \approx 7,8\% > 5\%$, ou seja, o tamanho da amostra é **superior a 5%** do tamanho da população, então **devemos UTILIZAR** o fator de correção para população finita.

Pela **fórmula (XIII):** $\boxed{m \pm z \cdot \dfrac{s}{\sqrt{n}} \cdot \sqrt{\dfrac{N-n}{N-1}}}$, temos:

$$800 \pm 2,33 \cdot \dfrac{150}{\sqrt{35}} \cdot \sqrt{\dfrac{450-35}{450-1}} \Rightarrow 800 \pm 56,8 \Rightarrow \text{de } \mathbf{743,2 \text{ a } 856,8} \text{ h.}$$

Resposta: O intervalo de 98% de confiança para a verdadeira vida útil média de todos os componentes eletrônicos desse lote é de 743,2 a 856,8 h.

7) Um fabricante de baterias para veículos está oferecendo para uma empresa de ônibus um novo tipo de bateria para teste. Supondo que a distribuição dos tempos de durabilidade é aproximadamente normal, e que o engenheiro químico dessa fábrica admite que o desvio-padrão do tempo de durabilidade dessas baterias é de 5,3 meses, determinar a quantidade mínima de baterias que deve ser enviada para a empresa colocar em seus ônibus para que, com uma confiança de 98% e um erro de 2,5 meses, essa empresa possa estimar o tempo médio de durabilidade dessas baterias.

Solução: Pela **fórmula (VIII):** $\boxed{n = \left(\dfrac{z \cdot \sigma}{E}\right)^2}$, temos:

$$n = \left(\dfrac{2{,}33 \cdot 5{,}3}{2{,}5}\right)^2 = 24{,}40 \Rightarrow \boxed{n = 25 \text{ baterias}}$$

8) Uma engenheira de produção selecionou uma amostra de 10 peças produzidas por uma máquina, a qual apresentou os seguintes comprimentos, em cm: 98,0; 98,4; 98,4; 98,6; 98,0; 98,4; 98,6; 98,4; 99,0 e 98,6. Supondo que a distribuição dos comprimentos dessas peças é aproximadamente normal, construir um intervalo de 95% de confiança para o verdadeiro comprimento médio desse tipo de peça.

Solução:

Cálculo da média e do desvio-padrão: Com o auxílio de uma **calculadora**, ou aplicando as **fórmulas** já estudadas anteriormente, encontramos um comprimento médio de 98,44 cm e desvio-padrão (amostral) de 0,30 cm.

Coeficiente de confiança: Como $n = 10$ (pequena amostra, pois $n \leq 30$) e o desvio-padrão é o **amostral**, então o coeficiente de confiança é o t (**Tabela 2**), cujo valor para um nível de 95% de confiança é $t = 2{,}262$.

Assim, pela **fórmula (X):** $\boxed{m \pm t \cdot \dfrac{s}{\sqrt{n}}}$, temos:

$$98{,}44 \pm 2{,}262 \cdot \dfrac{0{,}30}{\sqrt{10}} \Rightarrow 98{,}44 \pm 0{,}215 \Rightarrow \text{de } \mathbf{98{,}225 \text{ a } 98{,}655} \text{ cm.}$$

Resposta: O intervalo de 95% de confiança para o comprimento médio de todas as peças produzidas por essa máquina é de 98,225 a 98,655 cm.

Exercícios

1) Certo tipo de patê foi analisado por um engenheiro químico de uma indústria para estimar o percentual de gordura existente em cada pote do produto. Uma amostra aleatória de oito potes desse produto apontou uma média de 14,5% de gordura, com um desvio-padrão de 0,5%. Supondo que os percentuais de gordura nesse tipo de produto são normalmente distribuídos, determinar:

a) A estimativa pontual do percentual médio de gordura desse produto.

   Resposta: O percentual médio pontual de gordura desse produto é ....

b) O intervalo de 90% de confiança para o verdadeiro percentual médio de gordura desse produto existente em todos os potes produzidos por essa indústria.

   Resposta: O intervalo de .... % de confiança para o verdadeiro percentual médio de gordura existente em todos os potes de patê é de .... a ....

c) O erro de estimativa da média referente à letra **(b)**.

d) O erro-padrão da média.

2) Uma engenheira ambiental está fazendo um estudo para determinar a contaminação por chumbo em um rio localizado em uma região industrial. Para tanto, selecionou uma amostra da água desse rio em 40 localidades aleatoriamente escolhidas e verificou que a concentração média de chumbo na água foi de 720 mg/l, com um desvio-padrão de 110 mg/l. Construir um intervalo de 95% de confiança para a verdadeira concentração média de chumbo nesse rio.

   Resposta: O intervalo de .... % de confiança para a verdadeira concentração média de chumbo nesse rio é de .... a .... mg/l.

3) Um engenheiro eletricista de uma indústria eletroeletrônica está analisando a voltagem de saída de certo tipo de estabilizador de voltagem com bateria (*nobreak*). Para tanto, selecionou uma amostra aleatória de 10 aparelhos a qual acusou uma voltagem média de saída de 112,4 volts. Sabendo que o desvio-padrão do processo de fabricação desses aparelhos é de 7,8 volts, construir um intervalo de 80% de confiança para a verdadeira voltagem média de saída de todos os estabilizadores desse tipo produzidos por essa indústria.

Resposta: O intervalo de .... % de confiança para a verdadeira voltagem média de todos os aparelhos desse tipo produzidos por essa indústria é de .... a .... V.

4) Um engenheiro eletricista de uma indústria eletroeletrônica está analisando a voltagem de saída de certo tipo de estabilizador de voltagem com bateria (*nobreak*). Para tanto selecionou uma amostra aleatória de 10 aparelhos obtendo uma voltagem média de saída de 112,4 volts, com um desvio-padrão de 7,8 volts. Construir um intervalo de 80% de confiança para a verdadeira voltagem média de saída de todos os *nobreaks* desse tipo produzidos por essa indústria.

5) Determinado tipo de composto químico produzido por uma indústria é armazenado em recipientes, e, após certo tempo, é colocado em tambores, e que, devido às reações químicas que sofre durante esse processo, apresenta significativa variação no peso. Uma engenheira química selecionou uma amostra aleatória de n tambores desse composto, extraída de um lote de N tambores, e encontrou um peso médio de 240,8 kg, com um desvio-padrão de 10,2 kg.

a) Sendo $N = 600$ e $n = 22$, construir um intervalo de 95% de confiança para o peso médio de todos os tambores desse lote.

b) Qual é o erro máximo de estimativa da média da letra (a)?

c) Qual é o erro-padrão da média da letra (a)?

d) Sendo $N = 300$ e $n = 40$, construir um intervalo de 90% de confiança para o peso médio de todos os tambores desse lote.

e) Qual é o erro-padrão da média da letra (d)?

f) Qual é o erro máximo de estimativa da média da letra (d)?

6) Determinada indústria admite que os pesos de todos os tambores que armazenam certo composto químico que produz, apresentam um desvio-padrão de 10,2 kg. Um engenheiro químico selecionou uma amostra aleatória de **n** tambores desse produto, extraída de um lote de N tambores, e obteve um peso médio de 240,8 kg. Construir um intervalo de α% de confiança para o peso médio de todos os tambores desse lote, sendo:

a) $N = 200$, $n = 12$ e $\alpha = 98\%$

b) $N = 2000$, $n = 80$ e $\alpha = 99\%$

7) Uma engenheira de produção de certa indústria de alimentos enlatados extraiu, de um grande lote de latas de frutas em compota, uma amostra aleatória de 15 latas a qual apresentou um peso médio de 446,3 g. Admitindo-se que o desvio-padrão do processo de produção seja de 8,4 g, construir um intervalo de 99% de confiança para o peso médio de todas as latas produzidas.

8) Calcular o tamanho que deve ter uma amostra de pessoas para que se obtenha um intervalo de confiança para a altura média populacional, com um nível de confiança de 99%, e com um erro máximo de estimativa de 0,2 dm, sabendo que o desvio-padrão pode ser considerado igual a 10,2 cm.

9) Um engenheiro civil de uma grande construtora selecionou uma amostra aleatória de 25 pisos de um grande lote e verificou que a área média desse tipo de piso é de 400 cm² e o desvio-padrão de 5 cm². Estime o intervalo de 95% de confiança para a verdadeira área média de todos os pisos desse lote.

10) Um engenheiro de produção de uma indústria mediu as espessuras de uma amostra aleatória de **n** garrafas de vidro de 1 litro, obtendo uma média de 4,35 mm, com um desvio-padrão de 0,09 mm. Construir um intervalo de α% de confiança para a verdadeira espessura média de todas as garrafas de vidro produzidas por essa indústria, sendo:

a) $n = 20$ e $\alpha = 99\%$

Resposta: O intervalo de .... % de confiança para a verdadeira espessura média de todas as ....

b) $n = 60$ e $\alpha = 98\%$

Resposta: O intervalo de .... % de confiança para a verdadeira espessura média de todas as ....

11) Um engenheiro de controle e automação de uma indústria fabricante de elevadores automáticos para autos testou uma amostra aleatória de 12 elevadores para veri-

ficar o tempo necessário para atingir a altura máxima, obtendo um tempo médio de 32,6 segundos, com um desvio-padrão de 3,4 segundos.

a) Construir um intervalo de 99,5% de confiança para o verdadeiro tempo médio de percurso que todos os elevadores gastam para atingir a altura máxima.

Resposta: O intervalo de ....% de confiança para ....

b) Qual é o erro máximo de estimativa da média populacional?

12) Uma engenheira de controle e automação precisa estimar o tempo médio que é gasto para se instalar certo dispositivo em um equipamento eletroeletrônico automático. Com uma confiança de 95%, e um erro de estimativa da média de 15 s, determinar o tamanho da amostra necessário para estimar o verdadeiro tempo médio para instalação desse dispositivo. Sabe-se, por levantamentos anteriores, que se pode admitir um desvio-padrão de 40 s.

13) Um engenheiro de computação está desenvolvendo um novo sistema para executar certo programa e pretende determinar o tempo médio necessário para a sua realização. Para tanto, executou esse programa por 200 vezes obtendo um tempo médio de 352 segundos e um desvio-padrão de 8 segundos. Construir um

intervalo de 99% de confiança para o verdadeiro tempo médio para execução desse programa.

Resposta: O intervalo de .... % de confiança para ....

14) Uma engenheira de computação desenvolveu um programa que permite executar certo algoritmo, e pretende testá-lo para calcular o tempo médio necessário para a sua execução. Para tanto, mediu 12 vezes os tempos de execução desse algoritmo, obtendo os seguintes resultados, em minutos: 16,3; 21,2; 17,0; 14,9; 14,4; 18,5; 15,6; 17,8; 16,1; 22,7; 18,3 e 20,2. Supondo que esses tempos são distribuídos normalmente, construir um intervalo de 99% de confiança para o verdadeiro tempo médio de execução desse algoritmo.

Respostas:

1) a) 14,5%; b) 14,17% a 14,83%; c) 0,33%; d) 0,18%;
2) 685,9 a 754,1 mg/l;
3) 109,22 a 115,58 V;
4) 108,99 a 115,81 V;
5) a) 236,28 a 245,32 kg; b) 4,52 kg; c) 2,17 kg; d) 238,32 a 243,28 kg; e) 1,50 kg; f) 2,48 kg;
6) a) 234,13 a 247,47 kg; b) 237,86 a 243,74 kg;
7) 440,70 a 451,90 g;
8) 174 pessoas;
9) 397,9 a 402,1 cm^2;
10) a) 4,292 a 4,408 mm; b) 4,323 a 4,377 mm;
11) a) 29,17 a 36,03 s; b) 3,43 s;
12) 28 verificações;
13) 350,5 a 353,5 s;
14) 15,446 a 20,054 min.

10.5 Estimativa de uma proporção populacional

Neste capítulo também iremos contemplar os **três conceitos** estudados anteriormente:

- Estimativa pontual
- Estimativa intervalar (ou intervalo de confiança)
- Tamanho da amostra

Notação para as proporções:

P = proporção populacional

p = proporção amostral de x **sucessos** em uma amostra de tamanho n, isto é,

$$p = \frac{x}{n}$$

q = proporção amostral de $n - x$ **fracassos** em uma amostra de tamanho n, ou seja, $q = 1 - p$

Estimativa pontual

A estimativa amostral p é a melhor estimativa pontual da proporção populacional P.

Estimativa intervalar

Sendo z o coeficiente de confiança (Tabela 1), a estimativa intervalar para a proporção populacional P é dada por: $p \pm z \cdot \sqrt{\dfrac{p \cdot q}{n}}$ (XIV)

Observações:

a) As **estimativas intervalares** de P devem ser arredondadas para **três dígitos significativos**.

b) Para construirmos os intervalos de confiança para uma proporção populacional, usamos apenas a distribuição z (a distribuição t não é usada).

10.5.1 Erro de estimativa de uma proporção populacional

A margem de erro da estimativa intervalar para a proporção populacional é dada por: $\boxed{E = z \cdot \sqrt{\dfrac{p \cdot q}{n}}}$ (XV)

Exemplos

1) Uma engenheira civil selecionou uma amostra aleatória de 120 pisos cerâmicos e verificou que 15 deles apresentaram certas imperfeições que inviabilizam o seu uso. Com esses dados, determinar:

a) A estimativa pontual da proporção (populacional) de todos os pisos que apresentam alguma imperfeição.

   Solução: A estimativa **pontual** de P é: $p = \dfrac{x}{n} = \dfrac{15}{120} = 0{,}125$ (12,5%).

b) A estimativa intervalar de 95% de confiança para a proporção de todos os pisos que apresentam alguma imperfeição.

   Solução: Como $p = 0{,}125$, então $q = 1 - p = 1 - 0{,}125$, logo $q = 0{,}875$.

   A estimativa **intervalar** de P é dada pela **fórmula (XIV):** $\boxed{p \pm z \cdot \sqrt{\dfrac{p \cdot q}{n}}}$

   Daí, $0{,}125 \pm 1{,}96 \cdot \sqrt{\dfrac{0{,}125 \cdot 0{,}875}{120}} \Rightarrow 0{,}125 \pm 0{,}0592 \Rightarrow$ de **0,0658** (6,58%) a **0,184** (18,4%)

   Resposta: Portanto, o intervalo de 95% de confiança para a proporção populacional de todos os pisos que apresentam alguma imperfeição é de 0,0658 (6,58%) a 0,184 (18,4%).

c) O erro de estimativa da proporção populacional encontrada em (b).

   Solução:

   O erro de estimativa de P é dado pela **fórmula (XV):** $\boxed{E = z \cdot \sqrt{\dfrac{p \cdot q}{n}}}$

   Então, $E = 1{,}96 \cdot \sqrt{\dfrac{0{,}125 \cdot 0{,}875}{120}} \Rightarrow \boxed{E = 0{,}0592}$ (5,92%).

2) Uma pesquisa feita com uma amostra aleatória de 1850 eleitores para saber se votariam em determinado candidato, revelou que 1134 deles responderam afirmativamente.

a) Construir um intervalo de 90% de confiança para a verdadeira proporção de eleitores que pretendem votar nesse candidato no dia da eleição.

Solução:

A proporção amostral dos eleitores que **pretendem votar** nesse candidato é:

$$p = \frac{x}{n} = \frac{1134}{1850} \Rightarrow \boxed{p = 0{,}613} \text{ (61,3\%)}$$

e dos eleitores que **não pretendem votar** nesse candidato é: $q = 1 - p \Rightarrow \boxed{q = 0{,}387}$ (38,7%).

A estimativa intervalar de P é dada pela **fórmula (XIV)**: $\boxed{p \pm z \cdot \sqrt{\frac{p \cdot q}{n}}}$

Então,

$$0{,}613 \pm 1{,}65 \cdot \sqrt{\frac{0{,}613 \cdot 0{,}387}{1850}} \Rightarrow 0{,}613 \pm 0{,}0187 \Rightarrow \text{de } \mathbf{0{,}594} \text{ (59,4\%) a } \mathbf{0{,}632} \text{ (63,2\%)}.$$

Resposta: Portanto, o intervalo de 90% de confiança para a proporção populacional dos eleitores que pretendem votar nesse candidato no dia da eleição é de 0,594 (59,4%) a 0,632 (63,2%).

b) O erro de estimativa da proporção populacional encontrada em **(a)**.

Solução:

O erro de estimativa de P é dado pela **fórmula (XV)**: $\boxed{E = z \cdot \sqrt{\frac{p \cdot q}{n}}}$

Logo, $E = 1{,}65 \cdot \sqrt{\frac{0{,}613 \cdot 0{,}387}{1850}} \Rightarrow \boxed{E = 0{,}0187}$ (1,87%), ou seja, com uma confiança de 90%, a margem de erro dos eleitores que pretendem votar nesse candidato é de 1,87%, para mais ou para menos, em relação aos 61,3% apontados na proporção amostral.

10.5.2 Estimativa de uma proporção utilizando o fator de correção para população finita

Sendo p a proporção amostral, n o tamanho da amostra retirada (sem reposição) de uma população **finita** de tamanho N, e o tamanho da amostra **superior a 5%** do tamanho da população, a estimativa intervalar para a proporção populacional P, com fator de correção para uma população finita, é dada por:

$$p \pm z \cdot \sqrt{\frac{p \cdot q}{n}} \cdot \sqrt{\frac{N-n}{N-1}} \quad \text{(XVI)}$$

10.5.3 Erro de estimativa com fator de correção para população finita

$$E = z \cdot \sqrt{\frac{p \cdot q}{n}} \cdot \sqrt{\frac{N-n}{N-1}} \quad \text{(XVII)}$$

Exemplos

Uma indústria possui um total de N máquinas. O engenheiro mecânico selecionou uma amostra aleatória de n máquinas e constatou que 34 delas tiveram algum tipo de problema durante o mês anterior.

a) Construir um intervalo de 95% de confiança para a proporção de todas as máquinas dessa indústria, que apresentaram algum tipo de problema no mês anterior, sendo $N = 360$ e $n = 100$.

Solução:

Para uma confiança de 95%, o valor do **coeficiente z** é 1,96.

A **proporção amostral** das máquinas que apresentaram algum tipo de problema no mês anterior é:

$p = \dfrac{x}{n} = \dfrac{34}{100} \Rightarrow \boxed{p = 0{,}34}$ (34%), e a proporção das máquinas que não apresentaram nenhum problema é: $q = 1 - p = 1 - 0{,}34 \Rightarrow \boxed{q = 0{,}66}$ (66%).

Fator de correção para população finita:

Como o tamanho da amostra em relação ao da população é

$\dfrac{n}{N} \cdot 100 = \dfrac{100}{360} \cdot 100 = 27{,}8\% > 5\%$, então **devemos utilizar o fator de correção**

para população finita. Assim, pela **fórmula (XVI)**: $\boxed{p \pm z \cdot \sqrt{\dfrac{p \cdot q}{n}} \cdot \sqrt{\dfrac{N-n}{N-1}}}$, temos:

$$0{,}34 \pm 1{,}96 \cdot \sqrt{\frac{0{,}34 \cdot 0{,}66}{100}} \cdot \sqrt{\frac{360-100}{360-1}} \Rightarrow 0{,}34 \pm 0{,}079 \Rightarrow \text{de } \mathbf{0{,}261} \text{ (26,1\%) a } \mathbf{0{,}419} \text{ (41,9\%)}$$

Resposta: Portanto, o intervalo de 95% de confiança para a proporção de todas as máquinas dessa indústria, que apresentaram algum tipo de problema no mês anterior é de 0,261 (26,1%) a 0,419 (41,9%).

b) Qual é o erro de estimativa da proporção populacional na letra **(a)**?

Solução: Na letra **(a)**, encontramos: $p \pm E$, ou seja, $0{,}34 \pm 0{,}079$. Logo, o erro de estimativa da proporção populacional é: $\boxed{E = 0{,}079}$ (7,9%).

c) Considerando $N = 1500$ e $n = 60$ no enunciado do problema, construir um intervalo de 98% de confiança para a proporção de todas as máquinas dessa indústria, que apresentaram algum tipo de problema no mês anterior.

Solução: Para uma confiança de 98%, o valor do **coeficiente z** é 2,33.

A **proporção amostral** das máquinas que apresentaram algum tipo de problema é:

$$p = \frac{x}{n} = \frac{34}{60} \Rightarrow \boxed{p = 0{,}567} \text{ (56,7\%)} \Rightarrow q = 1 - p = 1 - 0{,}567 \Rightarrow \boxed{q = 0{,}433} \text{ (43,3\%)}$$

Fator de correção para população finita:

Como o tamanho da amostra em relação ao da população é $\frac{n}{N} \cdot 100 = \frac{60}{1500} \cdot 100 = 4\% < 5\%$, então **NÃO devemos utilizar o fator de correção** para população finita. Assim, pela **fórmula (XIV)**: $\boxed{p \pm z \cdot \sqrt{\frac{p \cdot q}{n}}}$, temos:

$$0{,}567 \pm 2{,}33 \cdot \sqrt{\frac{0{,}567 \cdot 0{,}433}{60}} \Rightarrow 0{,}567 \pm 0{,}149 \Rightarrow \text{de } 0{,}418 \text{ a } 0{,}716.$$

Resposta: Portanto, o intervalo de 98% de confiança para a proporção populacional de todas as máquinas dessa indústria que apresentaram algum tipo de problema no mês anterior é de 0,418 (41,8%) a 0,716 (71,6%).

d) Qual é o erro de estimativa da proporção populacional na letra **(c)**?

Inferência estatística (3º ramo da Estatística) 205

Solução:

Na letra (c), encontramos: $p \pm E$, ou seja, $0{,}567 \pm 0{,}149$.

Logo, o erro de estimativa da proporção populacional é: $\boxed{E = 0{,}149}$ (14,9%).

10.5.4 Tamanho da amostra (para estimativa de uma proporção populacional)

Da **fórmula (XV)**: $E = z \cdot \sqrt{\dfrac{p \cdot q}{n}}$, obtemos: $\boxed{n = \dfrac{z^2 \cdot p \cdot q}{E^2}}$ (XVIII)

onde,

n = tamanho da amostra

z = coeficiente de confiança (Tabela 1)

E = erro de estimativa da proporção populacional

p = estimativa da proporção amostral

q = complemento de p, isto é, $\boxed{q = 1 - p}$.

Obs.: Quando **não se conhece o valor de p**, consideramos $p = 0{,}5$ (50%) e $q = 0{,}5$ (50%) e a fórmula anterior fica: $\boxed{n = \dfrac{z^2 \cdot 0{,}25}{E^2}}$ (XIX)

REGRA DO ARREDONDAMENTO

No cálculo da fórmula para determinação do **TAMANHO DA AMOSTRA (n)**, se o resultado **não for um número inteiro**, devemos considerar **sempre o próximo inteiro mais elevado**.

Exemplos

1) Certo tipo de componente eletrônico é produzido por determinada indústria. Um engenheiro de computação quer saber qual é o tamanho da amostra que permite estimar a proporção de componentes defeituosos, com um erro máximo de 3,2% e uma confiança de 98%, se:

a) Em um estudo anterior, constatou-se que 4,8% dos componentes eletrônicos são defeituosos.

Solução: Pela **fórmula (XVIII)**: $\boxed{n = \dfrac{z^2 \cdot p \cdot q}{E^2}}$, temos:

$$n = \frac{(2,33)^2 \cdot 0,048 \cdot 0,952}{(0,032)^2} = 242,26 \Rightarrow \boxed{n = 243 \text{ componentes}}$$

b) Não se tem qualquer informação que possa sugerir um valor de *p*.

Solução: Pela **fórmula (XIX)**: $\boxed{n = \dfrac{z^2 \cdot 0,25}{E^2}}$, temos:

$$n = \frac{(2,33)^2 \cdot 0,25}{(0,032)^2} = 1325,42 \Rightarrow \boxed{n = 1326 \text{ componentes}}$$

2) Refazer a letra **(a)** do exemplo (1) para uma confiança de 90%.

Solução: Pela **fórmula (XVIII)**: $\boxed{n = \dfrac{z^2 \cdot p \cdot q}{E^2}}$, temos:

$$n = \frac{(1,65)^2 \cdot 0,048 \cdot 0,952}{(0,032)^2} = 121,49 \Rightarrow \boxed{n = 122 \text{ componentes}}$$

3) Refazer a letra **(b)** do exemplo (1) para uma confiança de 90%.

Solução: Pela **fórmula (XIX)**: $\boxed{n = \dfrac{z^2 \cdot 0,25}{E^2}}$, temos:

$$n = \frac{(1,65)^2 \cdot 0,25}{(0,032)^2} = 664,67 \Rightarrow \boxed{n = 665 \text{ componentes}}$$

4) Comparando os resultados anteriores, a que conclusão se chega sobre o tamanho da amostra em relação ao nível de confiança para a estimativa de uma proporção populacional?

Resposta: Quanto **maior o nível de confiança** desejado, **maior** deverá ser o **tamanho da amostra**.

Exercício

Um engenheiro eletricista de uma fábrica de aparelhos eletrônicos deseja estimar a proporção populacional dos aparelhos de som que apresentam algum tipo de defeito durante o período de garantia. Utilizando uma confiança de 99% e um erro de estimativa de 4%, determinar a quantidade mínima de aparelhos desse tipo que devem ser testados, se:

a) Em estudo anterior, constatou-se que 12,5% dos aparelhos apresentam defeitos durante o período de garantia.

b) Não se tem qualquer informação que possa sugerir um valor de p.

Respostas:

a) 456 aparelhos de som; b) 1041 aparelhos de som.

10.5.5 Tamanho da amostra para população finita (para estimativa de uma proporção populacional)

Da **fórmula (XVII):** $E = z \cdot \sqrt{\dfrac{p \cdot q}{n}} \cdot \sqrt{\dfrac{N-n}{N-1}}$, obtemos a seguinte fórmula para determinar o tamanho de uma amostra para se estimar uma proporção populacional, quando a população é finita:

$$n = \dfrac{N \cdot z^2 \cdot p \cdot q}{(N-1) \cdot E^2 + z^2 \cdot p \cdot q} \quad \text{(XX)}$$

onde,

N = tamanho da população

n = tamanho da amostra

z = coeficiente de confiança (Tabela 1)

E = erro amostral (margem de erro)

p = estimativa da proporção amostral

q = complemento de p, isto é, $q = 1 - p$

Exemplo: Certa cidade possui um total de 20000 habitantes adultos. Determinar o tamanho da amostra para se estimar a proporção populacional de pessoas adultas que consideram satisfatório o atendimento médico municipal, admitindo que o pesquisador suspeite que 30% acham o atendimento satisfatório, utilizando um nível de 95% de confiança e um erro amostral de 2% (para mais ou para menos).

Solução: Pela **fórmula (XX):** $\boxed{n = \dfrac{N \cdot z^2 \cdot p \cdot q}{(N-1) \cdot E^2 + z^2 \cdot p \cdot q}}$, temos:

$$n = \dfrac{20000 \cdot (1,96)^2 \cdot 0,30 \cdot 0,70}{(20000-1) \cdot (0,02)^2 + (1,96)^2 \cdot 0,30 \cdot 0,70} = 1832,17 \Rightarrow \boxed{n = 1833 \text{ pessoas}}$$

Exercícios

1) Um engenheiro civil selecionou uma amostra aleatória de n operários que estão executando as obras de uma grande construção e verificou que x operários não estavam usando capacete durante o horário de trabalho.

a) Qual é a estimativa pontual da proporção populacional dos operários da obra que não usam capacete na obra, quando $n = 40$ e $x = 7$?

b) Qual é a estimativa pontual da proporção populacional dos operários da obra que usam capacete na obra, quando $n = 60$ e $x = 9$?

c) Construir um intervalo de 98% de confiança para a verdadeira proporção populacional dos operários que não usam capacete durante o horário de trabalho na obra, sendo $n = 35$ e $x = 6$.

Resposta: O intervalo de .... % de confiança para a verdadeira proporção populacional dos operários que não usam capacete durante o horário de trabalho na obra é de .... (.............%) a .... (.............%).

d) Qual é o erro de estimativa da proporção populacional encontrada na letra **(c)**?

e) Sabendo que nessa obra estão trabalhando um total de 700 operários, construir um intervalo de 90% de confiança para a verdadeira proporção populacional dos operários que não usam capacete durante o horário de trabalho, sendo $n = 45$ e $x = 4$.

Resposta: O intervalo de ....% de confiança para ....
.... é de ....
(...............%) a .... (...............%).

f) Transforme o intervalo de confiança encontrado na letra **(e)** em um intervalo que represente o número de operários que não usam capacete durante o trabalho na obra.

g) Sabendo que nessa obra estão trabalhando um total de 1200 operários, construir um intervalo de 90% de confiança para a verdadeira proporção populacional dos operários que não usam capacete durante o trabalho, sendo $n = 50$ e $x = 6$.

Resposta: O intervalo de .... % de confiança para ....
.... é de
.... (...............%) a .... (...............%).

h) Transforme o intervalo de confiança encontrado na letra (g) em um intervalo que represente o número de operários que não usam capacete durante o trabalho na obra.

i) Qual é o erro máximo associado ao intervalo encontrado na letra (e)? E na letra (g)?

2) O engenheiro de materiais de uma indústria desenvolveu um novo produto para um fabricante de capacetes utilizados na construção civil, e pretende fazer um teste de impacto para verificar a resistência do produto. Para tanto, selecionou uma amostra aleatória de 70 capacetes fabricados com esse novo produto, dos quais 22 foram reprovados por não oferecerem toda segurança necessária. Construir um intervalo de 99% de confiança para a verdadeira proporção dos capacetes que não resistem a um teste de impacto, fabricados com esse novo produto.

3) A engenheira de computação de uma indústria fabricante de calculadoras eletrônicas está interessada em estimar a proporção de calculadoras defeituosas que são produzidas. Sabendo que, de uma amostra aleatória de 8500 calculadoras testadas, 21 delas apresentaram algum tipo de defeito, determinar um intervalo de 94% de confiança para a verdadeira proporção de calculadoras defeituosas produzidas por essa indústria.

4) Uma indústria de computadores produziu um lote de N chips eletrônicos em um certo período. O engenheiro de computação dessa indústria selecionou aleatoriamente n chips para teste e verificou que x unidades deles não funcionam adequadamente. Construir um intervalo de $\alpha\%$ de confiança para a verdadeira proporção de chips desse lote que funcionam adequadamente, sendo:

a) $N = 10000, n = 600, x = 22$ e $\alpha = 90\%$.

b) $N = 50000, n = 2500, x = 85$ e $\alpha = 95\%$.

5) O engenheiro de produção de uma fábrica de fogos de artifício de efeitos especiais, utilizados em shows pirotécnicos, responsável pela qualidade e segurança do produto, deseja estimar a proporção de unidades de seu produto que funcionam adequadamente e com segurança. Com uma confiança de 98% e um erro de estimativa de 4%, determinar o número de unidades que devem ser testadas, se:

a) Ele não tem ideia da porcentagem de fogos de artifício defeituosos que são produzidos.

b) Ele crê que a porcentagem de unidades defeituosas não supera 6%.

6) Um engenheiro eletricista de determinada companhia de energia elétrica pretende fazer um estudo sobre a qualidade e funcionamento dos medidores de energia utilizados nas residências, após certo tempo de uso. Uma amostra aleatória de 1234 domicílios que possuem medidores com esse tempo de uso, revelou que 20 deles apresentavam algum tipo de problema de funcionamento.

a) Com os dados amostrais, construir um intervalo de 99% de confiança para a proporção de todos os medidores que apresentam algum tipo de problema de funcionamento após esse tempo de uso.

b) Utilizando a proporção amostral encontrada em (a), determinar, com uma confiança de 95% e um erro máximo de estimativa de 0,5%, o tamanho da amostra necessária para estimar a proporção dos medidores que apresentam algum tipo de problema de funcionamento após esse tempo de uso.

7) Um engenheiro ambiental, preocupado com o inadequado descarte de pilhas e baterias que são utilizadas nos mais diversos tipos de aparelhos eletrônicos, pretende saber a proporção de pessoas que descartam corretamente as pilhas e baterias usadas, para posterior reciclagem, utilizando os postos de coletas localizados em vários pontos da cidade. Uma amostra aleatória de 400 pessoas revelou que 146 delas utilizam esses postos para descarte das pilhas e baterias que utilizam. Construir um intervalo de 90% de confiança para a proporção de todas as pessoas que descartam corretamente as pilhas e baterias usadas.

8) Um engenheiro do departamento de estradas de rodagem de certo Estado, responsável pela manutenção das rodovias em certa região, pretende estimar, com uma confiança de 0,95 e um erro máximo de 0,04, a proporção de caminhões que trafegam com excesso de peso transportando mercadorias. Qual deve ser o tamanho da amostra, se ele:

a) utilizar os resultados de uma pesquisa anterior, a qual apontou que 25% dos caminhões trafegam com excesso de peso?

b) não tem ideia sobre qual seria a verdadeira proporção dos caminhões que trafegam com excesso de peso?

9) Para uma confiança de 90%, um erro de estimativa de 2,5% e uma proporção amostral de p%, determinar o tamanho da amostra, quando:

a) $p = 10$%

b) $p = 30$%

c) Comparando os resultados da letras **(a)** e **(b)**, a que conclusão se chega sobre o tamanho da amostra em relação à proporção amostral para a estimativa de uma proporção populacional?

10) Para uma proporção amostral igual a 30%, um erro de estimativa de 3% e uma confiança de α%, determinar o tamanho da amostra quando:

a) $\alpha = 80$%

b) $\alpha = 90$%

c) Comparando os resultados da letras **(a)** e **(b)**, a que conclusão se chega sobre o tamanho da amostra em relação ao nível de confiança para a estimativa de uma proporção populacional?

11) Para uma confiança de 90%, uma proporção amostral de 30% e um erro de estimativa de E%, determinar o tamanho da amostra, quando:

a) $E = 1\%$

b) $E = 2\%$

c) Comparando os resultados da letras **(a)** e **(b)**, a que conclusão se chega sobre o tamanho da amostra em relação à margem de erro para a estimativa de uma proporção populacional?

Respostas:

1) **a)** 0,175 (17,5%); **b)** 0,85 (85%); **c)** 0,023 (2,3%) a 0,319 (31,9%); **d)** 0,148 (14,8%); **e)** 0,0211 (2,11%) a 0,157 (15,7%); **f)** de 15 a 110 operários; **g)** 0,0442 (4,42%) a 0,196 (19,6%); **h)** de 53 a 235 operários; **i)** 0,0678 (6,78%) e 0,0758 (7,58%);

2) 0,171 (17,1%) a 0,457 (45,7%);

3) 0,00145 (0,145%) a 0,00349 (0,349%);

4) **a)** 0,951 (95,1%) a 0,975 (97,5%); **b)** 0,959 (95,9%) a 0,973 (97,3%);

5) **a)** 849 unidades; **b)** 192 unidades;

6) **a)** 0,00693 (0,693%) a 0,0255 (2,55%); **b)** 2450 medidores;

7) **a)** 0,325 (32,5%) a 0,405 (40,5%);

8) **a)** 451 caminhões; **b)** 601 caminhões;

9) **a)** 393; **b)** 915; **c)** Quanto mais próximo de 50% é a proporção amostral, maior será o tamanho da amostra;

10) **a)** 389; **b)** 636; **c)** Quanto maior o nível de confiança desejado, maior será o tamanho da amostra;

11) **a)** 5718; **b)** 1430; **c)** Quanto maior a margem de erro de estimativa, menor será o tamanho da amostra.

10.6 Estimativa de uma variância populacional

Neste capítulo, também se estudam a estimativa pontual, a estimativa intervalar e o tamanho da amostra, para aplicá-los na estimativa da variância populacional σ^2 e do desvio-padrão σ. Uma das aplicações dessas estimativas é a sua utilização no controle de qualidade em processos de fabricação.

Quando queremos estabelecer a estimativa da variância populacional de uma distribuição aproximadamente normal, precisamos utilizar outra distribuição, não simétrica, chamada **Distribuição Qui Quadrado** (símbolo: χ^2).

Essa distribuição é dada por: $\boxed{\chi^2 = \dfrac{(n-1)s^2}{\sigma^2}}$

onde,

n = tamanho da amostra

m = média aritmética amostral

$\boxed{s^2 = \dfrac{\sum(x-m)^2}{n-1}}$ é a variância amostral

σ^2 = variância populacional

Os valores críticos da distribuição qui quadrado são determinados pelo número de **graus de liberdade**, os quais são dados por $n - 1$.

A **Tabela 3** nos dá os valores críticos de χ^2 correspondentes às áreas cuja região total se **localiza à DIREITA dos valores críticos**.

10.6.1 Estimativas da variância e do desvio-padrão populacional

1) **Estimativa pontual da variância populacional:**

A variância amostral s^2 é a melhor estimativa da variância populacional σ^2.

2) **Estimativa intervalar (ou intervalo de confiança):**

a) **da variância populacional:** É dada por: $\boxed{\dfrac{(n-1)s^2}{\chi_D^2} < \sigma^2 < \dfrac{(n-1)s^2}{\chi_E^2}}$ **(XXI)**

onde,

χ_D^2 = valor crítico localizado na extrema **direita** da cauda da distribuição qui quadrado **(Tabela 3)**

χ_E^2 = valor crítico localizado na extrema **esquerda** da cauda da distribuição qui quadrado (**Tabela 3**)

b) **do desvio-padrão populacional:** É dada por: $\sqrt{\dfrac{(n-1)s^2}{\chi_D^2}} < \sigma < \sqrt{\dfrac{(n-1)s^2}{\chi_E^2}}$ (XXII)

Exemplo: Uma amostra dos pesos, em gramas, de 15 pacotes de certo tipo de cereal apresentou uma variância de 62,31 (gramas)^2. Supondo que a distribuição de pesos é normalmente distribuída, determinar o intervalo de 95% de confiança para a **variância populacional** e o **desvio-padrão populacional** dos pesos desses pacotes de cereais.

Solução: Para encontrar os valores críticos do **qui quadrado**, devemos consultar a **Tabela 3**.

10.6.2 Como usar a Tabela 3 (Distribuição Qui Quadrado)

Para $n = 15 - 1 = 14$ graus de liberdade e um nível de 95% de confiança (isto é, 2,5% para cada lado das extremidades das caudas da distribuição qui quadrado), os valores críticos de χ^2 são assim determinados na **Tabela 3**:

a) Para os 2,5% situados no lado **esquerdo** da cauda, devemos consultar na Tabela 3 a área correspondente a: 100% - 2,5% = 97,5% (coluna 0,975 da Tabela 3), que é a área que fica à **direita** dos 2,5% nessa tabela. Assim, o valor crítico procurado é $\chi_E^2 = 5,629$.

b) Para os 2,5% situados no lado **direito** da cauda, o valor crítico é o próprio 2,5% (coluna 0,025 da Tabela 3), logo, o valor crítico é $\chi_D^2 = 26,119$.

A figura abaixo mostra a área correspondente ao **nível de confiança** desejado (95%) e os **dois valores críticos** encontrados na Tabela 3:

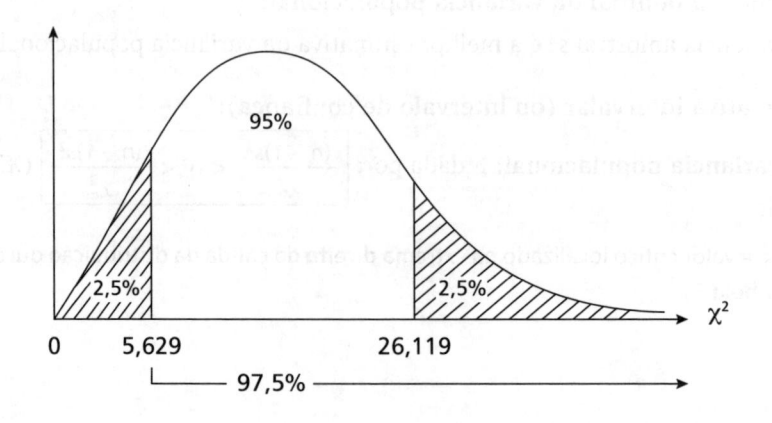

Portanto, o intervalo de 95% de confiança para a **variância populacional** (σ^2) dos pesos dos pacotes desse tipo de cereal é:

$$\frac{(n-1)s^2}{\chi_D^2} < \sigma^2 < \frac{(n-1)s^2}{\chi_E^2} \Rightarrow \frac{(15-1) \cdot 62{,}31}{26{,}119} < \sigma^2 < \frac{(15-1) \cdot 62{,}31}{5{,}629} \Rightarrow$$

$$\boxed{33{,}40 < \sigma^2 < 154{,}97}$$

E o intervalo de 95% de confiança para o **desvio-padrão populacional** (σ) dos pesos dos pacotes desse tipo de cereal é:

$$\sqrt{\frac{(n-1)s^2}{\chi_D^2}} < \sigma < \sqrt{\frac{(n-1)s^2}{\chi_E^2}} \Rightarrow \sqrt{33{,}40} < \sigma < \sqrt{154{,}97} \Rightarrow \boxed{5{,}78 < \sigma < 12{,}45}, \text{ou}$$

seja, o desvio-padrão populacional está entre 5,78 e 12,45 g.

Exercício

Um fabricante de refrigeradores adquire um lote de termostatos de um novo fornecedor. O engenheiro de produção dessa fábrica testou uma amostra aleatória de 10 termostatos desse lote para verificar as temperaturas que são registradas em um dos estágios desses termostatos, obtendo as seguintes temperaturas, em graus Fahrenheit: 39, 45, 37, 43, 32, 48, 52, 45, 39 e 40. Supondo que a distribuição das medidas dessas temperaturas é normalmente distribuída, determinar:

a) O desvio-padrão amostral das temperaturas.

b) A variância amostral das temperaturas.

c) O intervalo de 90% de confiança para a variância populacional das temperaturas de todos os termostatos desse lote.

d) O intervalo de 99% de confiança para o desvio-padrão populacional das temperaturas de todos os termostatos desse lote.

Respostas:

a) 5,79°F; b) 33,56(°F)²; c) 17,85 a 90,84(°F)²; d) 3,58 a 13,19°F.

11

Testes de hipóteses ou de significância

A estimação e o teste de significância são as duas importantes áreas da inferência estatística, para a tomada de decisões. A finalidade da estimação é determinar algum parâmetro da população (média, desvio-padrão), e a dos testes de significância é decidir se uma afirmação sobre um parâmetro populacional é ou não verdadeira, com base nas informações obtidas por meio de amostras aleatórias.

11.1 Hipóteses estatísticas

Uma hipótese estatística é uma afirmação sobre uma propriedade ou parâmetro de uma população.

Para desenvolver processos de testes de hipóteses estatísticas, devemos formular **duas hipóteses**, a saber:

Hipótese nula (H_o):

É a afirmação que diz que não há diferença significativa entre os parâmetros da amostra e da população (alegada ou suposta), isto é, a afirmação é considerada verdadeira até que, com base em uma amostra, se conclua que essa afirmação deve ser rejeitada.

Hipótese alternativa (H_1):

Quando a hipótese nula H_o é rejeitada, isto é, a afirmação é considerada como sendo falsa, devemos aceitar a hipótese alternativa como sendo verdadeira.

Observação: Na construção das hipóteses nula (H_0) e alternativa (H_1), utilizamos os seguintes símbolos matemáticos:

Símbolo matemático	Palavra chave nos textos
=	Igual
≠	Diferente; não é igual
<	Inferior; menor; abaixo
≤	No máximo; não é superior; até
>	Superior; maior; acima
≥	No mínimo; não é inferior; pelo menos

Na tabela, a primeira coluna contém: Igual, Diferente, Menor do que, Menor ou igual, Maior do que, Maior ou igual.

11.2 Níveis de Significância

O nível de significância de um teste é a **probabilidade de uma hipótese nula ser rejeitada, quando ela é verdadeira** (também chamada erro Tipo I). O nível de significância é representado pela letra grega minúscula α (alfa).

Na prática, os **níveis de significância** mais utilizados em testes de hipóteses são os de 5% e 1%, mas podem ser usados outros valores. Assim, se escolhermos o **nível de significância de 5%**, isto quer dizer que temos cerca de **5 chances em 100 da hipótese nula ser rejeitada quando deveria ser aceita** (ou seja, a área de rejeição sob a curva normal corresponde a 5%); agora, se escolhermos o **nível de significância de 1%**, temos cerca de **1 chance em 100 da hipótese nula ser rejeitada quando deveria ser aceita** (ou seja, a área de rejeição sob a curva normal corresponde a 1%). Percebemos, claramente, que o **nível de significância de 1% é mais exigente**, ou seja, somente rejeita-se a hipótese nula quando há uma forte evidência.

11.3 Testes de Hipóteses para MÉDIAS Populacionais

Os testes de hipóteses (ou testes de significância) para a **média de uma população** (M) são baseados na diferença entre a **média amostral** (m) e a **média populacional alegada ou suposta** (M_0): se o teste indicar que a diferença é **irrelevante** (insignificante), podemos decidir, com base em algum grau de confiança desejado, pela aceitação da média alegada (ou suposta) como sendo a verdadeira média populacional, e se a diferença for **relevante** (significativa), devemos rejeitar a afirmação preestabelecida.

Os testes para formulação das hipóteses estatísticas podem ser: **bilaterais, unilaterais à esquerda** ou **unilaterais à direita**.

11.3.1 Valor da estatística de teste para MÉDIAS

Uma hipótese nula (H_0) sempre nos diz que uma afirmação é verdadeira, ou seja, que a diferença observada entre as médias foi devida ao acaso (ou seja, que a diferença é irrelevante).

Para saber se devemos aceitar ou rejeitar uma hipótese nula (na qual o suposto valor da média populacional (M_0) é considerado como verdadeiro), vamos transformar a **média da amostra** (m) em um coeficiente (**valor da estatística do teste**) e compará-lo com o **valor crítico do teste**, o qual é dado pela Tabela 1, ou pela Tabela 2, de acordo com o tamanho da amostra (grande ou pequena) e o desvio-padrão populacional (se é conhecido ou desconhecido).

O **valor da estatística de teste** é dado pela expressão: $\boxed{\dfrac{m - M_0}{e}}$, onde e = erro padrão da média (isto é, desvio-padrão das médias amostrais).

Temos **três fórmulas** para encontrar o valor do teste:

1ª) $\boxed{z_{teste} = \dfrac{m - M_0}{\dfrac{\sigma}{\sqrt{n}}}}$ (XXIII) (quando o **desvio-padrão é o populacional**)

2ª) $\boxed{z_{teste} = \dfrac{m - M_0}{\dfrac{s}{\sqrt{n}}}}$ (XXIV) (quando o **desvio-padrão é o amostral** (s) e $n > 30$ (grande amostra))

3ª) $\boxed{t_{teste} = \dfrac{m - M_0}{\dfrac{s}{\sqrt{n}}}}$ (XXV) (quando o **desvio-padrão é o amostral** (s) e $n \leq 30$ (pequena amostra))

Obs.: Em todas as nossas aplicações, quando o tamanho da amostra (n) for $n \leq 30$ (pequena amostra), estaremos sempre considerando que a amostra provém de uma população cuja distribuição é normal ou aproximadamente normal.

11.3.2 Teste bilateral

Um teste é **bilateral** (ou **bicaudal**) quando a variação (diferença) entre as médias amostral (m) e populacional (M_0) tanto pode estar no extremo **esquerdo** como no **direito** da curva de distribuição, ou seja, quando a região crítica (ou região de rejeição da hipótese nula) pode localizar-se em um dos dois extremos (caudas) da curva de distribuição.

Hipóteses estatísticas: Sendo M a média populacional e M_o a média hipotética (suposta ou alegada), as hipóteses nula (H_o) e alternativa (H_1), para o teste bilateral, são assim formuladas:

$H_o: M = M_o$

$H_1: M \neq M_o$

11.3.3 Valor crítico do teste bilateral

Os valores críticos do teste bilateral são os coeficientes dados pelas Tabelas 1 e 2 (coeficientes z e t, respectivamente), os quais separam as regiões de aceitação e rejeição de uma hipótese nula.

A figura abaixo mostra, como exemplo, as regiões hachuradas referentes à rejeição da hipótese nula para os valores críticos de $z = \pm 1,96$, correspondentes ao teste bilateral e um nível de significância de 5% (ou seja, são duas regiões de 2,5% cada uma de rejeição da hipótese nula, localizadas nos extremos da curva normal):

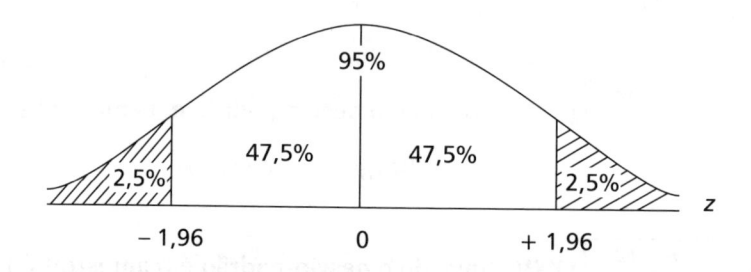

Exemplos de aplicações de testes bilaterais:

a) Fabricação de calçados, cujos tamanhos podem fugir do padrão. Por exemplo, o calçado de número 40 de certo fabricante pode ser maior ou menor que o normalmente encontrado na praça.

b) Fabricação de peças que precisam ajustar-se uma a outra. Exemplo: parafuso, porca e engrenagem de câmbio de um carro.

c) Consumo médio de combustível de certo tipo de veículo, o qual pode ser maior ou menor que o especificado pelo fabricante.

d) Tempo de efeito de um composto químico, que pode ser maior ou menor que o estabelecido.

Exemplos de testes de hipóteses para a Média (utilizando o teste bilateral)

1) Um engenheiro de controle e automação, responsável pelo setor de produção de uma empresa, afirmou ao gerente financeiro que o tempo médio para montagem de determinado tipo de aparelho é de 82,8 minutos. O gerente dessa empresa, desejando verificar a afirmação do engenheiro, selecionou uma amostra aleatória de 36 aparelhos, e anotou os tempos gastos na sua montagem, obtendo um tempo médio de 78,3 minutos, com um desvio-padrão de 15,3 minutos. Testar a afirmação do engenheiro, ao nível de significância de 5%, contra a alternativa de que o tempo médio de montagem desses aparelhos é diferente de 82,8 minutos. Há evidência para que o gerente rejeite a afirmação do engenheiro?

Solução:

- **Dados:**

    M_o = 82,8 min (média populacional suposta ou alegada pelo engenheiro)

    m = 78,3 min (média amostral)

    s = 15,3 min (desvio-padrão amostral)

    n = 36 (tamanho da amostra)

    Nível de significância: α = 5%

- **Hipóteses estatísticas:** As **hipóteses nula** (H_o) e **alternativa** (H_1), são:

    H_o: **M = 82,8 min (é a afirmação do engenheiro e que será testada)**

    H_1: **M ≠ 82,8 min (é o que o gerente financeiro dessa empresa pretende verificar)**

- **Valor crítico:** Como n = 36 (grande amostra, pois n > 30), então devemos utilizar a **Tabela 1 (z)** e como o **teste é bilateral**, pois a verdadeira média populacional tanto pode ser um valor maior como um valor menor que a média amostral, então o **valor crítico de z**, ao nível de significância de 5%, é: $\boxed{z_{crit} = \pm 1,96}$ (esse valor corresponde a uma área de 47,5% na Tabela 1).

- **Valor do teste:**

    A nossa hipótese nula (H_o) nos diz que essa diferença verificada é devida ao acaso. Para saber se devemos aceitar ou rejeitar essa hipótese, vamos transformar a média da amostra no coeficiente z_{teste} e compará-lo com o valor crítico de z (z_{crit}).

Pela **fórmula (XXIV)**: $\boxed{z_{teste} = \dfrac{m - M_0}{\dfrac{s}{\sqrt{n}}}}$, temos:

$$z_{teste} = \dfrac{78,3 - 82,8}{\dfrac{15,3}{\sqrt{36}}} \Rightarrow \boxed{z_{teste} = -1,76}$$

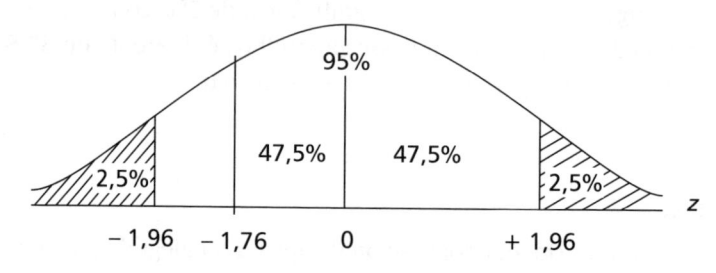

- **Conclusão:** Como $z_{teste} = -1,76$ encontra-se na **região de aceitação**, a hipótese nula deve ser aceita, portanto, **o gerente financeiro deve aceitar a afirmação do engenheiro** responsável pelo setor de produção de que o tempo médio para montagem desses aparelhos é de 82,8 minutos, pois a diferença verificada entre as médias amostral e populacional, ao nível de significância de 5%, é considerada **irrelevante (insignificante)**, isto é, foi devida ao acaso.

2) Uma engenheira de controle e automação, responsável pelo setor de produção de uma grande indústria, afirmou que o tempo médio para montagem de determinado equipamento é de 82,8 minutos. O gerente geral dessa empresa, desejando verificar a afirmação da engenheira, escolheu aleatoriamente uma amostra de 25 unidades desse equipamento na linha de montagem e verificou que o tempo médio gasto foi de 88,1 minutos, com um desvio-padrão de 15,3 minutos. Testar a afirmação da engenheira, ao nível de significância de 10%, contra a alternativa de que o tempo médio para montagem desse equipamento não é de 82,8 minutos. Há evidência para que o gerente rejeite a afirmação da engenheira?

Solução:

- **Dados:**

    M_o = 82,8 min (média populacional suposta ou alegada pela engenheira)

    m = 88,1 min (média amostral)

$s = 15{,}3$ min (desvio-padrão amostral)

$n = 25$ (tamanho da amostra)

Nível de significância: $\alpha = 10\%$

- **As hipóteses estatísticas são:**

    H_0: $M = 82{,}8$ min **(é a afirmação da engenheira e que será testada)**

    H_1: $M \neq 82{,}8$ min **(é o que o gerente geral pretende verificar)**

- **Valor crítico:**

    Como $n = 25$ (pequena amostra, pois $n \leq 30$) e o desvio-padrão é o **amostral** (s), então devemos utilizar o **coeficiente t (Tabela 2)**. O **valor crítico** de t, para o **teste bilateral**, ao nível de significância de 10%, é: $\boxed{t_{crit} = \pm\, 1{,}711}$ (esse valor se encontra na linha: $n - 1 = 25 - 1 = 24$ e coluna 0,05 da Tabela 2).

- **Valor do teste:**

    Pela **fórmula (XXV):** $\boxed{t_{teste} = \dfrac{m - M_0}{\dfrac{s}{\sqrt{n}}}}$, temos: $t_{teste} = \dfrac{88{,}1 - 82{,}8}{\dfrac{15{,}3}{\sqrt{25}}} \Rightarrow \boxed{t_{teste} = +\, 1{,}732}$

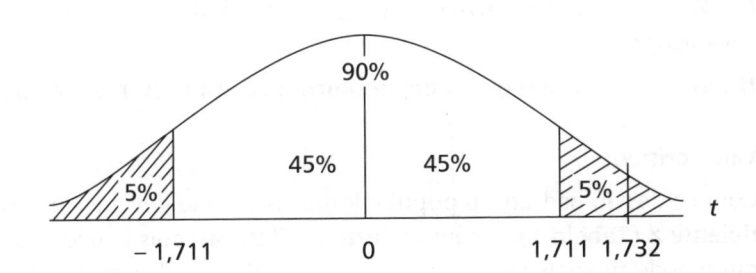

- **Conclusão:**

    Como $t_{teste} = +\, 1{,}732$ encontra-se na **região de rejeição**, a hipótese nula deve ser rejeitada, e assim, a hipótese alternativa deve ser aceita, portanto, **o gerente geral não deve aceitar a afirmação da engenheira**, logo, o tempo médio para montagem desse equipamento **não é de 82,8 minutos**, pois a diferença verificada entre as médias, ao nível de significância de 10%, é considerada **relevante (significativa)**, isto é, não foi devida ao acaso.

3) O gerente administrativo de uma grande obra estabeleceu um tempo médio de 30 minutos e um desvio-padrão de 2,4 minutos, para a preparação necessária para o efetivo início de todo trabalho diário dessa obra. O engenheiro civil, responsável pela execução da obra, pretendendo verificar se os tempos acima foram corretamente estimados, selecionou uma amostra aleatória de 25 dias obtendo um tempo médio de 32 minutos para o início dos trabalhos nessa obra. Testar, ao nível de significância de 5%, o tempo médio estabelecido pelo gerente, contra a alternativa de que o tempo médio para preparação e início do trabalho na obra não é de 30 minutos. Há evidência para que o engenheiro rejeite a afirmação do gerente?

Solução:

- **Dados:**

    M_o = 30 min (média populacional alegada ou suposta pelo gerente)

    m = 32 min (média amostral)

    σ = **2,4 min (desvio-padrão populacional)**

    n = **25** (tamanho da amostra)

    Nível de significância: ∝ = 5%

- **Hipóteses estatísticas:** As **hipóteses nula** (H_0) e **alternativa** (H_1), são:

    H_0: M = 30 min (**é a afirmação do gerente administrativo da obra e que será testada**)

    H_1: M ≠ 30 min (**é o que o engenheiro da obra pretende verificar**)

- **Valor crítico:**

    Como o desvio-padrão é o **populacional** (σ), então devemos utilizar o **coeficiente z (Tabela 1)**. E como o **teste é bilateral**, pois a média da amostra tanto pode ficar abaixo como acima da média populacional, então o **valor crítico de z**, ao nível de significância de 5%, é: $\boxed{z_{crit} = \pm\, 1{,}96}$ (esse valor corresponde a uma área de 47,5% na Tabela 1).

- **Valor do teste:**

    Pela fórmula (XXIII): $\boxed{z_{teste} = \dfrac{m - M_0}{\dfrac{\sigma}{\sqrt{n}}}}$, temos: $z_{teste} = \dfrac{32 - 30}{\dfrac{2{,}4}{\sqrt{25}}}$ ⇒ $\boxed{z_{teste} = +\,4{,}17}$

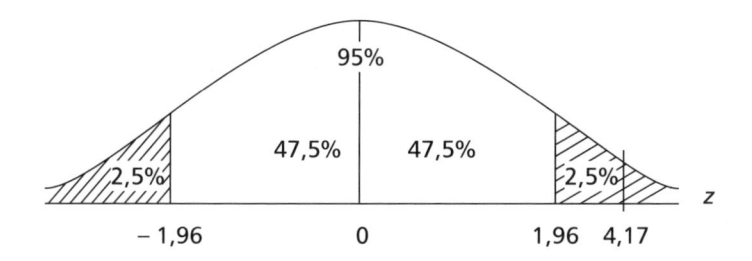

```
           95%
   47,5%  |  47,5%
2,5%              2,5%
                       z
-1,96     0     1,96  4,17
```

- **Conclusão:**

  Como $z_{teste} = +4,17$ encontra-se na **região de rejeição**, a hipótese nula deve ser rejeitada, e assim, a hipótese alternativa deve ser aceita, portanto, o **engenheiro da obra não deve aceitar a afirmação do gerente**, logo, o tempo médio necessário para a preparação do efetivo início do trabalho diário na obra **não é de 30 minutos**, pois a diferença verificada entre as médias amostral e populacional, ao nível de significância de 5%, é considerada **relevante (significativa)**.

Exercícios de testes de hipóteses para a Média (utilizando o teste bilateral)

1) Um engenheiro de controle e automação, responsável pela linha de produção de certa indústria, suspeita que o processo de enchimento das embalagens de certo tipo de cereal não está de acordo com a quantidade média esperada, que é de 680 g (pois se a quantidade nas embalagens for menor, o cliente reclamará, e se for maior, haverá prejuízo para a indústria). Para tanto, selecionou uma amostra de 50 embalagens escolhidas aleatoriamente, a qual acusou um peso médio de 684,2 g, com um desvio-padrão de 12,1 g. Testar, ao nível de significância de $\alpha\%$, que o processo de enchimento médio de cereais nas embalagens é de 680 g, contra a alternativa de que o peso médio é diferente de 680 g, e diga se o engenheiro deve intervir no processo, quando:

a) $\alpha = 5\%$

- Dados:

- Hipóteses estatísticas:

- Valor crítico:

- Valor do teste:

- Conclusão:

b) α = 1%

- Valor crítico:
- Valor do teste:

- Conclusão:

2) O fabricante de lâmpadas fluorescentes de determinada marca afirma que a vida útil média dessas lâmpadas é de 1600 horas. Uma engenheira eletricista selecionou uma amostra aleatória de 100 lâmpadas a qual apresentou vida útil média de 1570 horas, com desvio-padrão de 120 horas. Testar a afirmação do fabricante, ao nível de significância de α%, contra a alternativa de que a vida útil média dessas lâmpadas não é de 1600 horas, quando:

a) α = 5%

b) α = 1%

3) Um fabricante de produtos químicos afirma que o peso médio dos pacotes de seu produto é de 820 g. Um engenheiro químico que utiliza esse tipo de produto selecionou uma amostra aleatória de n pacotes desse produto encontrando um peso médio de m gramas, com um desvio-padrão de 15 g. Testar a afirmação do fabricante, ao nível de significância de α%, contra a alternativa de que o peso médio desse produto é diferente de 820 g, quando:

a) $m = 814$ g, $n = 20$ e $\alpha = 5\%$.

b) $m = 830$ g, $n = 40$ e $\alpha = 2\%$.

c) $m = 827$ g, $n = 16$ e $\alpha = 10\%$.

d) $m = 815$ g, $n = 35$ e $\alpha = 0,5\%$.

4) Um fabricante de aparelhos eletrônicos afirma que o consumo médio mensal de energia elétrica de determinado tipo de aparelho que produz é de 80 kWh, e que o desvio-padrão é de 12 kWh. Uma engenheira eletricista selecionou uma amostra aleatória de n unidades desse aparelho e verificou que, durante um período de um mês, houve um consumo médio de energia de m kWh. Testar a afirmação do

fabricante, ao nível de significância de α%, contra a alternativa de que o consumo médio mensal de energia não é de 80 kWh, quando:

a) $m = 85$ kWh, $n = 22$ e $\alpha = 1\%$.

b) $m = 76$ kWh, $n = 50$ e $\alpha = 20\%$.

5) Um grande lote de computadores com defeitos, de certo modelo, foi recebido pelo departamento de conserto da empresa fabricante desses equipamentos. O engenheiro de computação dessa empresa, responsável por esse setor, estimou um tempo médio de 100 minutos para o conserto de cada aparelho. O gerente dessa empresa, pretendendo verificar essa estimativa do engenheiro, selecionou uma amostra aleatória de 12 computadores, obtendo um tempo médio para o conserto de 90 minutos, com um desvio-padrão de 15 minutos. Testar a afirmação do engenheiro, ao nível de significância de 10%, contra a alternativa de que o tempo médio de conserto de cada computador não é de 100 minutos. Há evidência para rejeitar a afirmação do engenheiro?

Respostas:

1) a)	$H_0: M = 680$ g $H_1: M \neq 680$ g	Teste bilateral	$z_{crit} = \pm 1,96$ $z_{teste} = +2,45$	**Conclusão:** A hipótese nula deve ser rejeitada e a hipótese alternativa deve ser aceita, portanto, o engenheiro deve intervir no processo da linha de produção, logo, o peso médio de cereais nas embalagens é diferente de 680 g, pois a diferença verificada entre as médias, ao nível de significância de 5%, é relevante (significativa), ou seja, existe um motivo.
1) b)	$H_0: M = 680$ g $H_1: M \neq 680$ g	Teste bilateral	$z_{crit} = \pm 2,58$ $z_{teste} = +2,45$	**Conclusão:** A hipótese nula deve ser aceita, portanto, o engenheiro não deve intervir no processo da linha de produção, logo, o peso médio de cereais nas caixas é de 680 g, pois, ao nível de significância de 1%, a diferença observada entre as médias é irrelevante, ou seja, foi devida ao acaso.
2) a)	$H_0: M = 1600$ h $H_1: M \neq 1600$ h	Teste bilateral	$z_{crit} = \pm 1,96$ $z_{teste} = -2,5$	**Conclusão:** A hipótese nula deve ser rejeitada e a hipótese alternativa deve ser aceita, portanto, a engenheira deve rejeitar a afirmação do fabricante de lâmpadas, logo, a vida útil média das lâmpadas é diferente de 1600 h, pois a diferença verificada entre as médias, ao nível de significância de 5%, é considerada relevante (significativa).
2) b)	$H_0: M = 1600$ h $H_1: M \neq 1600$ h	Teste bilateral	$z_{crit} = \pm 2,58$ $z_{teste} = -2,5$	**Conclusão:** A hipótese nula deve ser aceita, portanto, a engenheira deve aceitar a afirmação do fabricante de lâmpadas, logo, a vida útil média das lâmpadas é de 1600 h, pois, ao nível de significância de 1%, a diferença verificada entre as médias é irrelevante (insignificante), isto é, foi devida ao acaso.
3) a)	$H_0: M = 820$ g $H_1: M \neq 820$ g	Teste bilateral	$t_{crit} = \pm 2,093$ $t_{teste} = -1,789$	**Conclusão:** A hipótese nula deve ser aceita, portanto, o engenheiro deve aceitar a afirmação do fabricante desse produto de que o peso médio dos pacotes é de 820 g, pois a diferença verificada entre as médias, ao nível de significância de 5%, é considerada irrelevante (insignificante), ou seja, foi devida ao acaso.
3) b)	$H_0: M = 820$ g $H_1: M \neq 820$ g	Teste bilateral	$z_{crit} = \pm 2,33$ $z_{teste} = +4,22$	**Conclusão:** A hipótese nula deve ser rejeitada e a hipótese alternativa deve ser aceita, portanto, o engenheiro não deve aceitar a afirmação do fabricante desse produto, logo, o peso médio de seu produto é diferente de 820 g, pois a diferença observada entre as médias, ao nível de significância de 2%, é considerada relevante.
3) c)	$H_0: M = 820$ g $H_1: M \neq 820$ g	Teste bilateral	$t_{crit} = \pm 1,753$ $t_{teste} = +1,867$	**Conclusão:** A hipótese nula deve ser rejeitada e a hipótese alternativa deve ser aceita, portanto, o engenheiro não deve aceitar a afirmação do fabricante desse produto, logo, o peso médio de seu produto é diferente de 820 g, pois a diferença verificada entre as médias, ao nível de significância de 10%, é considerada relevante.

3) d)	$H_0: M = 820$ g $H_1: M \neq 820$ g	Teste bilateral	$z_{crit} = \pm 2,81$ $z_{teste} = -1,97$	**Conclusão:** A hipótese nula deve ser aceita, portanto, a afirmação do fabricante deve ser aceita, logo, o engenheiro deve aceitar a afirmação do fabricante desse produto de que o peso médio dos pacotes é de 820 g, pois a diferença verificada entre as médias, ao nível de significância de 0,5%, é considerada irrelevante.
4) a)	$H_0: M = 80$ kWh $H_1: M \neq 80$ kWh	Teste bilateral	$z_{crit} = \pm 2,58$ $z_{teste} = +1,95$	**Conclusão:** A hipótese nula deve ser aceita, portanto, a engenheira deve aceitar a afirmação do fabricante desses aparelhos, logo, o consumo médio mensal de energia desses aparelhos é de 80 kWh, pois a diferença verificada entre as médias, ao nível de significância de 1%, é irrelevante, ou seja, foi devida ao acaso.
4) b)	$H_0: M = 80$ kWh $H_1: M \neq 80$ kWh	Teste bilateral	$z_{crit} = \pm 1,29$ $z_{teste} = -2,36$	**Conclusão:** A hipótese nula deve ser rejeitada, ou seja, a hipótese alternativa deve ser aceita, portanto, a engenheira deve rejeitar a afirmação do fabricante desses aparelhos, logo o consumo médio mensal de energia desses aparelhos não é de 80 kWh, pois a diferença verificada entre as médias, ao nível de significância de 20%, é relevante (significativa).
5)	$H_0: M = 100$ min $H_1: M \neq 100$ min	Teste bilateral	$t_{crit} = \pm 1,796$ $t_{teste} = -2,309$	**Conclusão:** A hipótese nula deve ser rejeitada e a hipótese alternativa deve ser aceita, portanto, o gerente da empresa não deve aceitar a afirmação do engenheiro, logo, o tempo médio de conserto dos computadores não é de 100 min, pois a diferença verificada entre as médias, ao nível de significância de 10%, é considerada relevante (significativa).

11.3.4 Teste unilateral (ou unicaudal) à esquerda

Um teste é **unilateral à esquerda** (ou **unicaudal à esquerda**) quando a variação (diferença) entre as médias está concentrada nos valores **abaixo** do esperado, ou seja, quando a região crítica (ou região de rejeição da hipótese nula) está no lado **esquerdo** da curva de distribuição.

11.3.5 Valor crítico do teste unilateral à esquerda

A figura a seguir mostra, como exemplo, a região de rejeição da hipótese nula, para o valor crítico de $z = -1,65$, para o teste unilateral à esquerda e um nível de significância de 5% (isto é, área de 5% de rejeição da hipótese nula, localizada no extremo esquerdo da curva normal):

```
           │
       95% │
           │
      45%  │  50%
   ┌───────┤
5% │       │
───┴───────┴──────── z
 -1,65     0
```

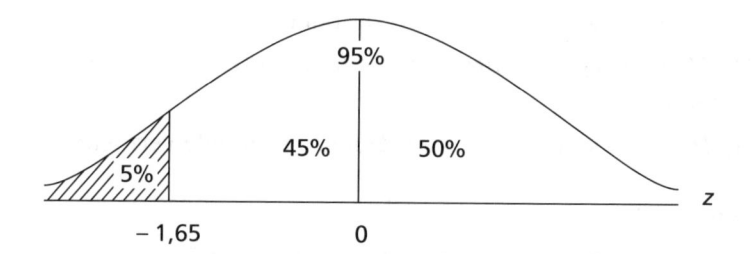

Exemplos de aplicações de testes unilaterais à esquerda:

a) Conteúdo mínimo de gordura no leite.
b) Peso líquido (mínimo) de pacotes de determinado produto.
c) Resistência de correias à determinada tensão.
d) Vida útil de um produto tal como especificada no certificado de garantia.

Exemplos de testes de hipóteses para a Média (utilizando o teste unilateral à esquerda)

1) O engenheiro de controle e automação de uma fábrica de elevadores pretende adquirir de certo fabricante uma remessa de cabos de aço para determinado tipo de elevador, com a garantia do fabricante de que esses cabos suportam um peso médio de, no mínimo, 600 kg, e que o desvio-padrão do processo é de 50 kg. O engenheiro selecionou uma amostra aleatória de 12 cabos desse tipo, a qual apresentou uma resistência média de 575 kg. Ao nível de significância de 5%, testar a afirmação do fabricante desses cabos contra a alternativa de que a resistência média desses cabos é inferior a 600 kg. Há evidência para que o engenheiro rejeite a afirmação do fabricante desse produto?

   Solução:

   - **Dados:**
     M_o = 600 kg (média populacional suposta ou alegada pelo fabricante de cabos de aço)
     m = 575 kg (média amostral)
     σ = **50 kg (desvio-padrão populacional)**
     n = 12 (tamanho da amostra)
     Nível de significância: α = 5%

- **Hipóteses estatísticas:** As **hipóteses nula** (H_0) e **alternativa** (H_1), são:

  H_0: $M \geq 600$ kg (é a afirmação do fabricante de cabos de aço e que será testada)

  H_1: $M < 600$ kg (é o que o engenheiro pretende verificar)

- **Valor crítico:**

  Como o desvio-padrão é o **populacional** (σ), então devemos utilizar o **coeficiente z** (Tabela 1). E como o **teste é unilateral à esquerda**, pois na hipótese alternativa estamos testando apenas as médias amostrais que se encontram **abaixo** da média populacional, então o **valor crítico de z**, ao nível de significância de 5%, é: $\boxed{z_{crit} = -1{,}65}$ (esse valor corresponde a uma área de 45% na Tabela 1).

- **Valor do teste:** Pela **fórmula (XXIII)**: $\boxed{z_{teste} = \dfrac{m - M_0}{\dfrac{\sigma}{\sqrt{n}}}}$, temos:

$$z_{teste} = \frac{575 - 600}{\dfrac{50}{\sqrt{12}}} \Rightarrow \boxed{z_{teste} = -1{,}73}$$

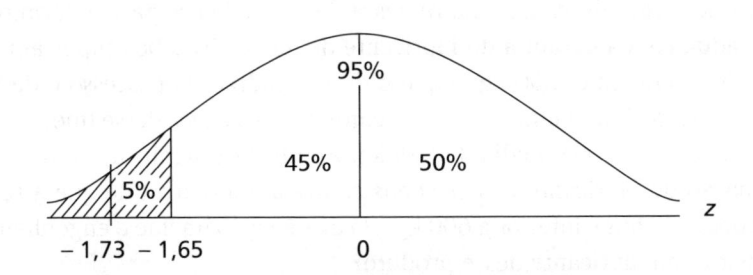

- **Conclusão:**

  Como $z_{teste} = -1{,}73$ encontra-se na **região de rejeição**, a hipótese nula deve ser rejeitada, ou seja, a hipótese alternativa deve ser aceita, portanto, **o engenheiro da fábrica de elevadores não deve aceitar a afirmação do fabricante** de cabos de aço de que a resistência média é de, no mínimo, 600 kg, ou seja, ao que tudo indica, esse tipo de cabo de aço tem uma resistência média **inferior** a 600 kg, pois a diferença verificada entre as médias, ao nível de significância de 5%, é considerada **relevante** (significativa).

2) **Qual seria a conclusão do exemplo anterior para um nível de significância de 1%?**

   Resposta: Como o valor crítico de z seria $z_{crit} = -2,33$, a **conclusão ficaria**: Como $z_{teste} = -1,73$ encontra-se na **região de aceitação**, a hipótese nula deve ser aceita, portanto, **o engenheiro da fábrica de elevadores deve aceitar a afirmação** do fabricante de cabos de aço de que a resistência média é de, **no mínimo, 600 kg**, pois a diferença verificada entre as médias, ao nível de significância de 1%, é considerada **irrelevante** (insignificante).

Obs.: Note que no exemplo 1, o valor do teste apontou uma diferença significativa entre as médias suficiente para rejeitar a hipótese nula, mas, no exemplo 2, essa diferença entre as médias ainda não é suficiente para rejeitar a hipótese nula, pois o nível de significância de 1% é bem mais rigoroso que o de 5%, e só rejeita uma afirmação quando a evidência é muito forte (relevante).

Exercícios de testes de hipóteses para a Média (utilizando o teste unilateral à esquerda)

1) Um fabricante de certo tipo de protetor solar alega que seu produto tem uma aderência à pele por um período médio superior a 8 horas. Como esse produto será utilizado pelos operários de uma companhia que trabalham ao ar livre, e em uma região muito ensolarada, um engenheiro químico selecionou uma amostra aleatória de 16 operários que utilizaram esse produto e verificou que o tempo médio de eficiência do produto foi de 7,3 horas.

a) Ao nível de significância de 1%, testar a alegação do fabricante, contra a alternativa de que o tempo médio de aderência à pele desse protetor solar é de, no máximo, 8 horas, sabendo que o desvio-padrão amostral é de 0,9 hora. Há evidência para que o engenheiro rejeite a afirmação do fabricante desse tipo de protetor solar?

   Solução:

   - Dados:

   - Hipóteses estatísticas:

   - Valor crítico:

   - Valor do teste:

   - Conclusão:

b) Repita a parte (a), mas considerando que o desvio-padrão agora é o populacional e igual a 1,3 hora.

- Dados:

- Valor crítico:

- Conclusão:

- Hipóteses estatísticas:

- Valor do teste:

c) Em qual das partes (a) e (b) é preciso saber que a população é aproximadamente normal? Por quê?

2) O engenheiro de controle e automação de uma fábrica de máquinas empacotadoras afirma que o enchimento de produtos nas embalagens fornece um peso médio líquido de, no mínimo, 174 gramas. O gerente de uma empresa do ramo de alimentos pretende adquirir uma dessas máquinas. Para testar a afirmação do engenheiro, o gerente da empresa selecionou uma amostra aleatória de 22 pacotes de certo produto embalados por esse tipo de máquina, obtendo um peso médio líquido de 171 g, com um desvio-padrão de 10 g. Testar a afirmação do engenheiro, ao nível de significância de 5%, contra a alternativa de que o peso médio líquido dos pacotes embalados por essa máquina é inferior a 174 gramas. Há evidência para que o gerente rejeite a afirmação do engenheiro?

Respostas:

1) a)	$H_0: M > 8$ h $H_1: M \leq 8$ h	Teste unilateral à esquerda	$t_{crit} = -2{,}602$ $t_{teste} = -3{,}111$	**Conclusão:** A hipótese nula deve ser rejeitada, portanto, o engenheiro não deve aceitar a afirmação do fabricante do protetor solar, logo, o tempo médio de aderência à pele desse protetor solar é de, no máximo, 8 h, pois, ao nível de significância de 1%, a diferença verificada entre as médias é relevante (significativa).
1) b)	$H_0: M > 8$ h $H_1: M \leq 8$ h	Teste unilateral à esquerda	$z_{crit} = -2{,}33$ $z_{teste} = -2{,}15$	**Conclusão:** A hipótese nula deve ser aceita, portanto, o engenheiro deve aceitar a afirmação do fabricante do protetor solar, logo, o tempo médio de eficiência do protetor solar é superior a 8 h, pois a diferença observada entre as médias, ao nível de significância de 1%, é considerada irrelevante (insignificante).
1) c)	Em ambas, pois o tamanho da amostra é inferior a 30 observações.			
2)	$H_0: M \geq 174$ g $H_1: M < 174$ g	Teste unilateral à esquerda	$t_{crit} = -1{,}721$ $t_{teste} = -1{,}407$	**Conclusão:** A hipótese nula deve ser aceita, portanto, o gerente deve aceitar a afirmação do engenheiro, logo, as embalagens produzidas por esse tipo de máquina fornecem um peso médio líquido de, no mínimo, 174 g, pois, ao nível de significância de 5%, a diferença verificada entre as médias é irrelevante, isto é, foi devida ao acaso.

11.3.6 Teste unilateral (ou unicaudal) à direita

Um teste é **unilateral à direita** (ou **unicaudal à direita**) quando a variação (diferença) entre as médias está concentrada nos valores **acima** do esperado, ou seja, quando a região crítica (ou região de rejeição da hipótese nula) está no lado **direito** da curva de distribuição.

11.3.7 Valor crítico do teste unilateral à direita

A figura a seguir mostra, como exemplo, a região de rejeição da hipótese nula, para o valor crítico de $z = +1{,}65$, para o teste unilateral à direita e um nível de significância de 5% (isto é, área de 5% de rejeição da hipótese nula, localizada no extremo direito da curva normal):

```
                    95%
         50%  |  45%
                    ⧄5%⧄
    ─────────────────────── z
          0       1,65
```

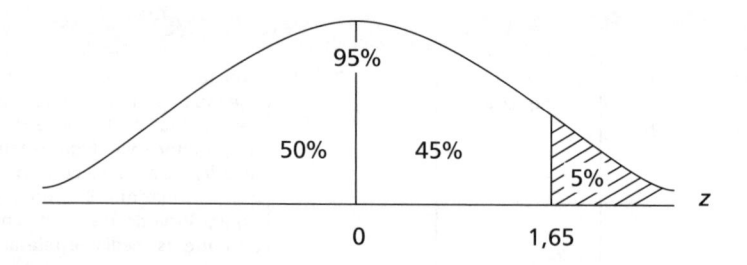

Exemplos de aplicações de testes unilaterais à direita
 a) Conteúdo máximo de gordura no leite.
 b) Número de peças defeituosas de certa remessa.
 c) Poluição atmosférica ocasionada por certa fábrica.
 d) Radiação emitida por usinas nucleares.

Exemplo de teste de hipóteses para a Média (utilizando o teste unilateral à direita)

O engenheiro de controle e automação de uma fábrica de máquinas de refrescos garante que elas são ajustadas de modo a fornecer um conteúdo médio de, no máximo, 340 ml por copo. O gerente de uma rede de lanchonetes comprou um lote dessas máquinas, e quer saber se a afirmação do engenheiro está correta. Para tanto, retirou de uma dessas máquinas uma amostra de *n* copos aleatoriamente escolhidos e verificou que houve um enchimento médio, por copo, de 350 ml, com um desvio-padrão de 20 ml. Testar a afirmação do engenheiro, ao nível de significância de 5%, contra a alternativa de que a média de conteúdo, por copo, é superior a 340 ml, quando:

a) $n = 9$

Solução:

- Dados:
    $M_o = 340$ ml (média populacional alegada ou suposta pelo engenheiro)
    $m = 350$ ml (média amostral)
    $s = 20$ ml (desvio-padrão amostral)
    $n = 9$ (tamanho da amostra)
    Nível de significância: $\alpha = 5\%$

- **Hipóteses estatísticas:** As **hipóteses nula** (H_0) e **alternativa** (H_1), são:

    $H_0: M \leq 340$ ml (é a afirmação do engenheiro e que será testada)

    $H_1: M > 340$ ml (é o que o gerente da rede de lanchonetes pretende verificar)

- **Valor crítico:** Como $n = 9$ (pequena amostra, pois $n \leq 30$) e o desvio-padrão é o **amostral** (s), então devemos utilizar a **Tabela 2 (t)** e como o **teste é unilateral à direita**, pois na hipótese alternativa estamos testando apenas as médias amostrais que se encontram **acima** da média populacional, então o **valor crítico de t**, para o nível de significância de 5%, é: $\boxed{t_{crit} = +1{,}860}$ (esse valor se encontra na linha: $n - 1 = 9 - 1 = 8$ e coluna 0,05 da tabela).

- **Valor do teste:** Pela **fórmula (XXV)**: $\boxed{t_{teste} = \dfrac{m - M_0}{\dfrac{s}{\sqrt{n}}}}$, temos:

$$t_{teste} = \frac{350 - 340}{\dfrac{20}{\sqrt{9}}} \Rightarrow \boxed{t_{teste} = +1{,}5}$$

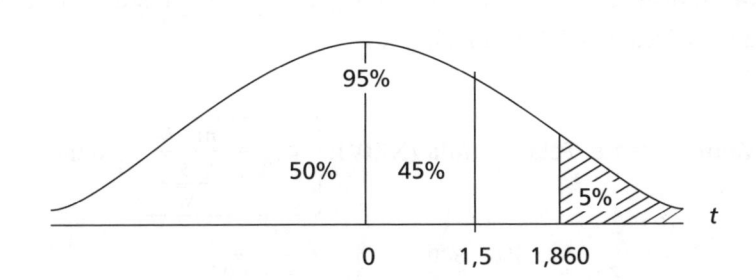

- **Conclusão:** Como $t_{teste} = +1{,}5$ encontra-se na **região de aceitação**, a hipótese nula deve ser aceita, portanto, **o gerente** da rede de lanchonetes **deve aceitar a afirmação do engenheiro** da fábrica de que o conteúdo médio fornecido pelas máquinas é de, **no máximo**, 340 ml por copo, pois a diferença verificada entre as médias, ao nível de significância de 5%, é considerada irrelevante (insignificante), ou seja, foi devida ao acaso.

b) $n = 36$

Solução:

- Dados:
  $M_o = 340$ ml (média populacional alegada ou suposta pelo engenheiro)
  $m = 350$ ml (média amostral)
  $s = 20$ ml (desvio-padrão amostral)
  $n = 36$ (tamanho da amostra)
  Nível de significância: $\alpha = 5\%$

- **Hipóteses estatísticas:** As hipóteses nula (H_o) e alternativa (H_1), são:
  $H_o: M \leq 340$ ml (é a afirmação do engenheiro e que será testada)
  $H_1: M > 340$ ml (é o que o gerente da rede de lanchonetes pretende verificar)

- **Valor crítico:** Como $n = 36$ (grande amostra, pois $n > 30$), então devemos utilizar a **Tabela 1 (z)**. O **valor crítico de z**, para o **teste unilateral à direita**, ao nível de significância de 5%, é: $\boxed{z_{crit} = +1{,}65}$ (esse valor corresponde a uma área de 45% na Tabela 1).

- **Valor do teste:** Pela fórmula **(XXIV)**: $\boxed{z_{teste} = \dfrac{m - M_o}{\dfrac{s}{\sqrt{n}}}}$, temos:

$$z_{teste} = \frac{350 - 340}{\dfrac{20}{\sqrt{36}}} \Rightarrow \boxed{z_{teste} = +3{,}0}$$

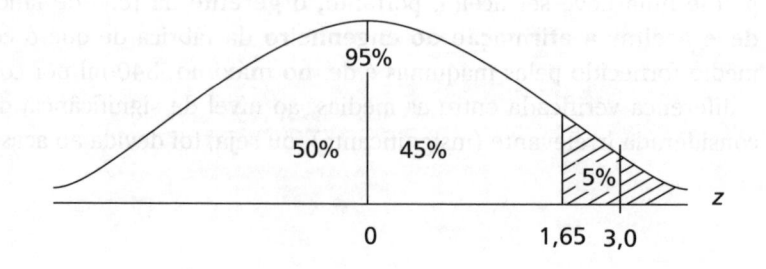

- **Conclusão:** Como $z_{teste} = +\,3{,}0$ encontra-se na **região de rejeição**, a hipótese nula deve ser rejeitada, ou seja, a hipótese alternativa deve ser aceita, portanto, **o gerente** da rede de lanchonetes **não deve aceitar a afirmação do engenheiro**, pois a diferença verificada entre as médias, ao nível de 5% de significância, é considerada relevante (significativa), isto é, existe algum motivo, logo, o conteúdo médio, por copo, é **superior** a 340 ml, e, assim, o gerente pode solicitar imediatamente novo ajuste em seus maquinários para garantir a segurança em seus produtos.

Exercícios de testes de hipóteses para a Média (utilizando o teste unilateral à direita)

1) Um fabricante de máquinas empacotadoras afirma que as embalagens produzidas por suas máquinas fornecem um peso médio líquido de, no máximo, 174 gramas. Para testar a afirmação do fabricante, o diretor comercial da empresa que pretende adquirir uma dessas máquinas selecionou uma amostra aleatória de 22 pacotes embalados por esse tipo de máquina, obtendo um peso médio líquido de 177 gramas, com um desvio-padrão de 10 gramas. Testar a afirmação do fabricante, a um nível de significância de 5%, contra a alternativa de que o peso médio líquido dos pacotes embalados por essa máquina é superior a 174 gramas. Há evidência para que o diretor comercial rejeite a afirmação do fabricante dessas máquinas?

- Dados:

- Hipóteses estatísticas:

- Valor crítico:

- Valor do teste:

- Conclusão:

2) Um fabricante de geladeiras de determinada capacidade afirma que o consumo médio mensal de energia é de, no máximo, 62 quilowatts-hora. Um engenheiro eletricista pretendendo verificar essa afirmação selecionou aleatoriamente 15 residências, com hábitos semelhantes, que possuem esse modelo de geladeira, e registrou um consumo médio mensal de 68 quilowatts-hora e um desvio-padrão de 12,7 quilowatts-hora. Testar a afirmação do fabricante, a um nível de significância de 5%, contra a alternativa de que o consumo médio mensal de energia

desse modelo de geladeira é superior a 62 quilowatts-hora. Há evidência para que o engenheiro rejeite a afirmação do fabricante de geladeiras?

3) Um pesquisador de certo laboratório afirma que encontrou determinada substância que, adicionada a certo composto químico, é capaz de reduzir o tempo de reação química desse novo composto para um tempo médio inferior a 35 minutos. Para verificar essa afirmação, um engenheiro químico realizou por n vezes a reação química desse novo composto, obtendo um tempo médio de 36,5 minutos, com um desvio-padrão de 5,1 minutos. Testar a afirmação do pesquisador, ao nível de significância de 10%, contra a alternativa de que o tempo médio de reação desse novo composto é de, no mínimo, 35 minutos. Diga se a substância acrescentada pelo pesquisador nesse novo composto foi eficiente para acelerar a sua reação, quando:

a) $n = 40$

b) $n = 20$

Respostas:

1)	$H_0: M \leq 174$ g $H_1: M > 174$ g	Teste unilateral à direita	$t_{crit} = +1{,}721$ $t_{teste} = +1{,}407$	**Conclusão:** A hipótese nula deve ser aceita, portanto, o diretor comercial deve aceitar a afirmação do fabricante dessa máquinas empacotadoras de que as embalagens fornecem um peso médio líquido de, no máximo, 174 g, pois a diferença verificada entre as médias, ao nível de significância de 5%, é considerada irrelevante.
2)	$H_0: M \leq 62$ kWh $H_1: M > 62$ kWh	Teste unilateral à direita	$t_{crit} = +1{,}761$ $t_{teste} = +1{,}830$	**Conclusão:** A hipótese nula deve ser rejeitada e a hipótese alternativa deve ser aceita, portanto, ao nível de significância de 5%, o engenheiro não deve aceitar a afirmação do fabricante de geladeiras, logo, o consumo médio mensal de energia desse tipo de geladeira é superior a 62 quilowatts-hora.
3) a)	$H_0: M < 35$ min $H_1: M \geq 35$ min	Teste unilateral à direita	$z_{crit} = +1{,}29$ $z_{teste} = +1{,}86$	**Conclusão:** A hipótese nula deve ser rejeitada e a hipótese alternativa deve ser aceita, isto é, o tempo médio de reação química não foi reduzido, portanto, ao nível de significância de 10%, o engenheiro não deve aceitar a afirmação do pesquisador de que o tempo de reação do novo composto é inferior a 35 min, logo, a substância adicionada pelo pesquisador não foi eficiente para acelerar o tempo médio de reação desse novo composto.
3) b)	$H_0: M < 35$ min $H_1: M \geq 35$ min	Teste unilateral à direita	$t_{crit} = +1{,}328$ $t_{teste} = +1{,}315$	**Conclusão:** A hipótese nula deve ser aceita, ou seja, o tempo médio de reação química do novo composto é inferior a 35 min, portanto, ao nível de significância de 10%, o engenheiro deve aceitar a afirmação do pesquisador de que essa substância acelerou o tempo médio de reação do novo composto, logo, essa substância foi eficiente para reduzir o tempo médio de reação.

11.4 Testes de hipóteses para PROPORÇÕES populacionais

Os testes de hipóteses (ou testes de significância) de uma proporção sobre uma população (p) são baseados na diferença entre a **proporção amostral** (p_a) e a **proporção populacional suposta ou alegada** (p_0), e o método utilizado nos testes de hipóteses para proporções é análogo ao que foi utilizado nos testes de hipóteses para as médias.

Tal como nos testes de hipóteses para a média, os testes para proporção podem ser **bilaterais** ou **unilaterais** (à **esquerda** ou à **direita**). Há três formas para formular as hipóteses estatísticas H_0 (hipótese nula) e H_1 (hipótese alternativa) de uma proporção populacional:

1ª) $H_0: p = p_0$ 2ª) $H_0: p \geq p_0$ 3ª) $H_0: p \leq p_0$
     $H_1: p \neq p_0$ ou $H_1: p < p_0$ ou $H_1: p > p_0$

onde p = proporção populacional e p_0 = valor hipotético da proporção populacional (**suposta ou alegada**).

11.4.1 Valor da estatística de teste para as proporções

Valor crítico e valor da estatística de teste

Para encontrar o **valor crítico**, para determinação das regiões de aceitação e rejeição da hipótese nula, **sempre** utilizamos a **Tabela 1** (coeficiente **z**).

Sendo $q_0 = 1 - p_0$, para encontrar o **valor da estatística de teste**, a fórmula é dada por:

$$z_{teste} = \frac{p_a - p_0}{\sqrt{\dfrac{p_0 \cdot q_0}{n}}} \quad \text{(XXVI)}$$

Exemplos

1) O fabricante de certo tipo de peça afirma que 3% das peças produzidas são defeituosas. O engenheiro de produção de uma indústria que adquiriu um lote dessas peças selecionou uma amostra aleatória de 300 unidades desse lote e verificou que 13 delas foram consideradas defeituosas. Testar, ao nível de significância de 5%, a afirmação do fabricante dessas peças, contra a alternativa de que a proporção de peças defeituosas não é de 3%. Há evidência para que o engenheiro rejeite a afirmação do fabricante de peças?

   Solução:
   - **Dados:**

     $p_0 = 0,03$ (3%) (proporção populacional suposta ou alegada de peças defeituosas)

$q_o = 1 - p_o \Rightarrow q_o = 1 - 0{,}03 \Rightarrow q_o = 0{,}97$ (97%) (proporção populacional das peças boas)

$p_a = \dfrac{13}{300} \Rightarrow p_a = 0{,}0433$ (proporção amostral das peças defeituosas)

$n = 300$ (tamanho da amostra)

Nível de significância: $\alpha = 5\%$

- **Hipóteses estatísticas:** As **hipóteses nula** (H_o) e **alternativa** (H_1), são:

  $H_o: p = 0{,}03$ (é a afirmação do fabricante sobre a proporção de peças defeituosas e que será testada)

  $H_1: p \neq 0{,}03$ (é o que o engenheiro pretende verificar)

- **Valor crítico:** Como o **teste é bilateral**, pois a verdadeira proporção de todas as peças defeituosas produzidas pode ficar tanto abaixo como acima de 3%, então o valor crítico de z, ao nível de significância de 5%, é:

  $\boxed{z_{crit} = \pm 1{,}96}$ (esse valor corresponde a uma área de 47,5% na Tabela 1).

- **Valor do teste:** A hipótese nula (H_o) nos diz que a diferença entre as proporções amostral e populacional de peças defeituosas foi devida ao acaso. Para saber se devemos aceitar ou rejeitar essa afirmação, vamos calcular o valor do coeficiente z_{teste} e compará-lo com o valor crítico de z (z_{crit}).

Pela **fórmula (XXVI)**: $\boxed{z_{teste} = \dfrac{p_a - p_0}{\sqrt{\dfrac{p_0 \cdot q_0}{n}}}}$, temos:

$$z_{teste} = \dfrac{0{,}0433 - 0{,}03}{\sqrt{\dfrac{0{,}03 \cdot 0{,}97}{300}}} \Rightarrow \boxed{z_{teste} = +1{,}35}$$

- **Conclusão:** Como $z_{teste} = +1{,}35$ encontra-se na região de aceitação da hipótese nula, então o engenheiro de produção deve aceitar a afirmação do fabricante de que a proporção de peças defeituosas produzidas é de 3%, pois a diferença verificada entre as proporções amostral e populacional, ao nível de significância de 5%, é considerada irrelevante (insignificante), isto é, essa diferença foi devida ao acaso.

2) Um fabricante de *pen drives* garante que, no mínimo, 90% de seus produtos são perfeitos. Uma engenheira de computação inspecionou uma remessa de 200 unidades desse produto e verificou que 30 delas eram defeituosas. Testar, ao nível

de significância de 2%, a afirmação do fabricante contra a alternativa de que a proporção de *pen drives* perfeitos é inferior a 90%. Há evidência para que a engenheira rejeite a afirmação do fabricante de *pen drives*?

Solução:

- **Dados:**

    $p_o = 0,90$ (90%) (proporção populacional de *pen drives* perfeitos, suposta ou alegada pelo fabricante)

    $q_o = 1 - p_o \Rightarrow q_o = 1 - 0,90 \Rightarrow q_o = 0,10$ (10%) (proporção de *pen drives* defeituosos)

    $p_a = \dfrac{200 - 30}{200} = \dfrac{170}{200} = 0,85 \Rightarrow p_a = 0,85$ (proporção amostral dos *pen drives* produzidos sem defeitos)

    $n = 200$ (tamanho da amostra)

    Nível de significância: $\alpha = 2\%$

- **Hipóteses estatísticas:** As **hipóteses nula** (H_o) e **alternativa** (H_1), são:

    $H_o: p \geq 0,90$ (é a afirmação do fabricante de *pen drives* perfeitos e que será testada)

    $H_1: p < 0,90$ (é o que a engenheira de computação pretende verificar)

- **Valor crítico:**

Como o **teste é unilateral à esquerda**, pois pretendemos verificar se a verdadeira proporção de *pen drives* bons é inferior a 90%, então o **valor crítico de z**, ao nível de significância de 2%, é: $\boxed{z_{crit} = -2,06}$ (esse valor corresponde a uma área de 48% na Tabela 1).

- **Valor do teste:**

Pela **fórmula (XXVI):** $\boxed{z_{teste} = \dfrac{p_a - p_o}{\sqrt{\dfrac{p_o \cdot q_o}{n}}}}$, temos:

$$z_{teste} = \dfrac{0,85 - 0,90}{\sqrt{\dfrac{0,90 \cdot 0,10}{200}}} \Rightarrow \boxed{z_{teste} = -2,36}$$

- **Conclusão:** Como $z_{teste} = -2,36$ encontra-se na região de rejeição, a hipótese nula deve ser rejeitada, pois a diferença ocorrida entre as proporções amostral e populacional, ao nível de significância de 2%, é considerada relevante (significativa), portanto, a engenheira de computação não deve aceitar a afirmação do fabricante, logo, a verdadeira proporção de *pen drives* perfeitos é inferior a 90%.

Exercícios

1) O relatório sobre um estudo feito no ramo da construção civil revelou que 45% dos trabalhadores são fumantes. Um engenheiro civil decide, então, testar essa afirmação, entrevistando 300 trabalhadores de diversas obras, escolhidos aleatoriamente, e obteve a informação de que 118 são fumantes. Testar, ao nível de significância de 10%, o resultado desse estudo, contra a alternativa de que a proporção de trabalhadores fumantes no ramo da construção civil não é de 45%. Há evidência para que o engenheiro rejeite a afirmação desse estudo?

2) O fabricante de certo tipo de componente eletrônico afirma que, no máximo, 15% desse produto não é adequado para uso em equipamentos industriais que são acionados por controle remoto. O engenheiro de controle e automação de determinada empresa, responsável pelo controle de qualidade dos equipamentos que produz utilizando esses componentes, pretende verificar a alegação do fabricante. Para tanto, selecionou uma amostra aleatória de 380 componentes encontrando 75 unidades inadequadas para o uso em seus equipamentos. Testar, ao nível de significância de 5%, a afirmação do fabricante contra a alternativa de que a proporção de componentes inadequados é superior a 15%. Há evidência para que o engenheiro rejeite a afirmação do fabricante desses componentes eletrônicos?

3) Um fabricante de blocos de cimento garante que, no mínimo, 85% de seu produto têm boa resistência, suportando satisfatoriamente, sem nenhum dano significativo, tanto durante o transporte e manuseio como no assentamento desses blocos. Um

engenheiro civil pretendendo verificar a afirmação do fabricante selecionou uma amostra aleatória de 180 blocos, e notou que 144 tinham boa qualidade. Testar, ao nível de significância de 1%, a afirmação do fabricante contra a alternativa de que a proporção de blocos com boa resistência é inferior a 85%. Há evidência para que o engenheiro rejeite a afirmação do fabricante desses blocos de cimento?

Respostas:

1)	$H_0: p = 0{,}45$ $H_1: p \neq 0{,}45$	Teste bilateral	$z_{crit} = \pm 1{,}65$ $z_{teste} = -1{,}98$	**Conclusão:** A hipótese nula deve ser rejeitada, portanto, o resultado dessa pesquisa deve ser rejeitado, ou seja, o engenheiro não deve aceitar a afirmação do relatório, logo, a proporção de todos os trabalhadores da construção civil que são fumantes é diferente de 45%, pois a diferença observada entre as proporções, ao nível de significância de 10%, é considerada relevante (significativa).
2)	$H_0: p \leq 0{,}15$ $H_1: p > 0{,}15$	Teste unilateral à direita	$z_{crit} = +1{,}65$ $z_{teste} = +2{,}57$	**Conclusão:** A hipótese nula não deve ser aceita, portanto, a afirmação do fabricante desses componentes eletrônicos deve ser rejeitada, ou seja, o engenheiro não deve aceitar a afirmação do fabricante, logo, a proporção populacional de componentes eletrônicos inadequados produzidos pelo fabricante é superior a 15%, pois a diferença verificada entre as proporções, ao nível de significância de 5%, é considerada relevante (significativa).
3)	$H_0: p \geq 0{,}85$ $H_1: p < 0{,}85$	Teste unilateral à esquerda	$z_{crit} = -2{,}33$ $z_{teste} = -1{,}88$	**Conclusão:** A hipótese nula deve ser aceita, portanto, a afirmação do fabricante desses blocos de cimento deve ser aceita, logo, o engenheiro não tem motivos para duvidar da afirmação do fabricante de que, no mínimo, 85% de seu produto tem boa resistência, pois a diferença verificada entre as proporções, ao nível de significância de 1%, é considerada irrelevante (insignificante), isto é, a diferença observada foi devida ao acaso.

12

Noções de correlação e regressão

12.1 Correlação

Ao observarmos duas variáveis estatísticas, notamos, às vezes, uma sugestão de uma função entre elas, a qual chamamos de **correlação**.

A **correlação** é um dos métodos paramétricos utilizados em Estatística para o estudo de muitos fenômenos, sendo que, na maioria dos casos, utilizam-se amostras com um grande número de valores.

Assim, por exemplo, podemos investigar o relacionamento entre:

- adição de álcool à gasolina e consumo por quilômetro rodado;
- comprimento de uma peça e peso;
- consumo de cigarro e incidência de câncer;
- diâmetro das barras de aço e resistência;
- distância de freagem de um carro e velocidade;
- horas de trabalho e rendimento do trabalho;
- idade e pressão arterial de pacientes;
- idades das casas e valores de aluguéis;
- metros quadrados de construção de uma casa e custo da obra;
- nível de instrução e higiene;
- notas de Estatística e quantidade de horas de estudos por mês;
- pesos e alturas de pessoas;
- quantidade de chuva e produtividade agrícola;

- quantidade de eletrodomésticos de uma residência e consumo de energia;
- quantidade de fertilizantes e safra de cereais;
- quantidade de informações e tempo para transmissão em um sistema computacional;
- quantidade de veículos de uma cidade e poluição ambiental;
- quilometragem dos veículos usados e preço de venda;
- reclamações de clientes e qualidade do produto;
- resistência e dureza de um metal;
- vendas e lucro bruto;
- volume de um composto químico e tempo de reação.

Um alerta: Precisamos tomar alguns cuidados e não querer relacionar quaisquer variáveis. Por exemplo, não podemos querer relacionar o aumento nas vendas de computadores com o aumento no consumo de sorvetes!

A correlação é **simples** quando estudamos o grau de relacionamento entre **duas variáveis**, e é **múltipla** quando temos **mais de duas variáveis**.

12.2 Correlação linear simples

A **correlação linear simples** de duas variáveis x e y pode ser:

12.2.1 Correlação linear direta (ou positiva)

Quando os valores crescentes (ou decrescentes) da variável x estiverem associados a valores crescentes (ou decrescentes) da variável y, conforme mostra o **diagrama de dispersão**:

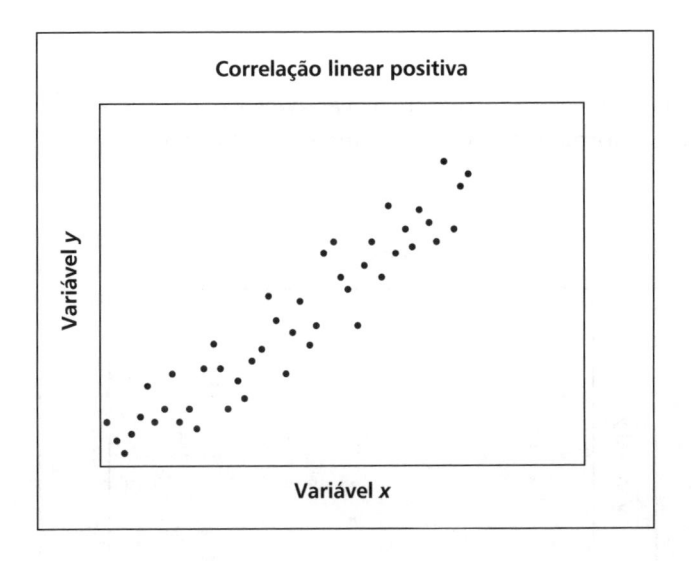

Correlação linear positiva

(Variável y vs Variável x — diagrama de dispersão)

12.2.2 Correlação linear inversa (ou negativa)

Quando os valores crescentes (ou decrescentes) da variável *x* estiverem associados a valores decrescentes (ou crescentes) da variável *y*, conforme mostra o **diagrama de dispersão**:

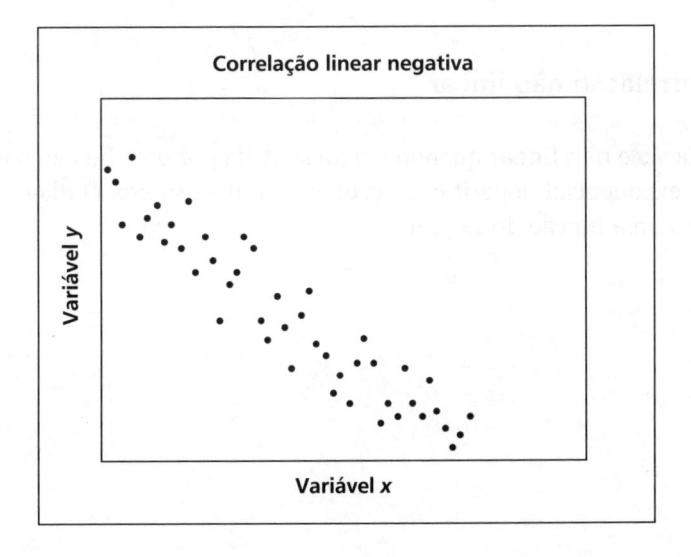

Correlação linear negativa

(Variável y vs Variável x — diagrama de dispersão)

12.2.3 Correlação nula

Quando não houver relação entre as variáveis *x* e *y*, ou seja, as variáveis são **independentes**, conforme mostra o **diagrama de dispersão**:

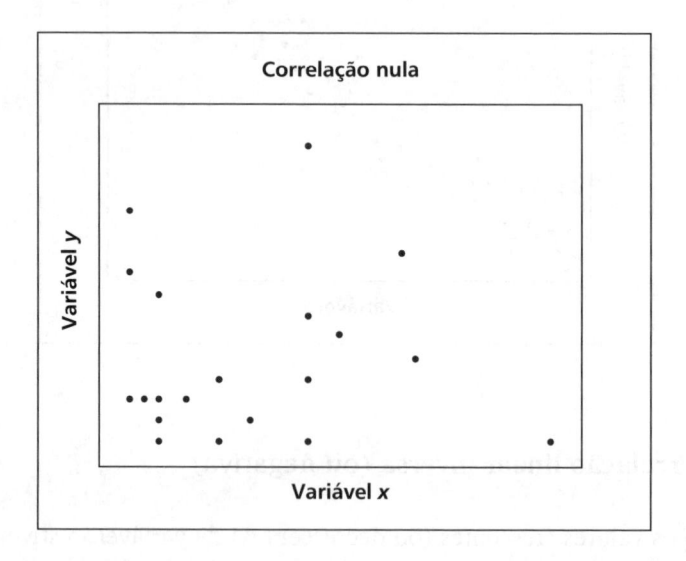

A correlação é **linear** (ou do 1º grau) quando pode ser representada por uma **reta**.

12.2.4 Correlação não linear

A correlação é **não linear** quando é representada por uma função parabólica (ou do 2º grau), exponencial, logarítmica, geométrica, inversa etc. O diagrama a seguir corresponde a uma função do 2º grau:

[Gráfico: Correlação não linear — Variável y vs Variável x]

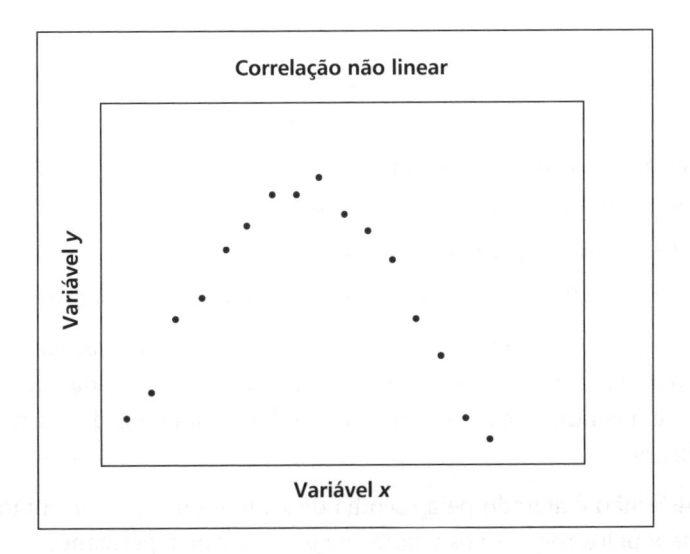

12.3 Coeficiente de correlação linear (r)

O coeficiente de correlação linear é um indicador de força de uma relação linear entre duas variáveis x e y em uma amostra, ou seja, mede o grau de relacionamento linear entre essas variáveis, através da disposição dos pares de valores das variáveis x e y em torno de uma reta.

A interpretação do coeficiente de correlação, como medida de intensidade da relação linear entre duas variáveis, é puramente matemática, e está isenta de qualquer implicação de causa e efeito.

O coeficiente de correlação linear (r), estabelecido por **Karl Pearson**, para n pares de pontos de duas variáveis x e y, é dado por:

$$r = \frac{n \cdot \sum xy - (\sum x) \cdot (\sum y)}{\sqrt{[n \cdot \sum x^2 - (\sum x)^2] \cdot [n \cdot \sum y^2 - (\sum y)^2]}}$$

Propriedades do coeficiente de correlação linear

1ª) O valor de r está no intervalo de -1 a $+1$, isto é, $-1 \leq r \leq +1$, e é dado em porcentagem.

Obs.: Se

$r = -1$ (-100%) $\Rightarrow$ correlação máxima negativa

$r = +1$ ($+100\%$) $\Rightarrow$ correlação máxima positiva

$r = 0$ $\Rightarrow$ correlação nula (variáveis independentes)

$r < |\pm 0{,}30|$ $\Rightarrow$ fraca correlação entre as variáveis

$r > |\pm 0{,}70|$ $\Rightarrow$ forte correlação entre as variáveis

r variando de 0,30 a 0,70, positivo ou negativo $\Rightarrow$ moderada correlação entre as variáveis

2ª) O valor de r não varia se todos os valores de qualquer uma das variáveis são convertidos para uma escala diferente. Por exemplo, se as medidas de uma variável são dadas em centímetros, e forem convertidas para polegadas, o valor de r não se modificará.

3ª) O valor de r não é afetado pela escolha de x ou y, ou seja, permutando todos os valores de x pelos respectivos valores de y o valor de r permanecerá inalterado.

4ª) O coeficiente de correlação linear r mede somente a intensidade, ou grau de relacionamento linear (não pode ser utilizado para medir o grau de relacionamento não linear).

12.4 Regressão linear simples

A análise de correlação linear dá um número que resume o grau de relacionamento entre duas variáveis x e y, e a análise de regressão linear tem como resultado uma equação matemática que descreve esse relacionamento, tendo por objetivo fazer previsões dos valores de uma variável, quando são conhecidos os valores da outra variável, mas é importante lembrar que não devemos extrapolar as nossas aplicações para além dos intervalos observados das variáveis.

A correlação e regressão são úteis nas áreas de engenharia, administração, economia, agricultura, marketing, educação, pesquisa médica etc.

O método mais usado para ajustar uma linha reta a um conjunto de pontos é conhecido como **método dos mínimos quadrados**, o qual foi proposto por **Karl Friedrich Gauss**.

Assim, a regressão linear é dada pela **reta**: $\boxed{y = a + bx}$

onde,

$$\boxed{b = \frac{n \cdot \sum xy - (\sum x) \cdot (\sum y)}{n \cdot \sum x^2 - (\sum x)^2}}$$ (coeficiente **angular** da reta)

e

$$a = \frac{\sum y}{n} - b \cdot \frac{\sum x}{n}$$ (coeficiente **linear** da reta)

Obs.: A reta resultante apresenta duas características importantes:
a) A soma dos desvios verticais dos pontos em relação à reta é zero.
b) A soma dos quadrados desses desvios é mínima, isto é, nenhuma outra reta daria menor soma de quadrados de tais desvios.

12.5 Coeficiente de determinação (r^2)

Dadas as variáveis x e y, o **coeficiente de determinação** (ou **coeficiente de explicação**) nos dá uma indicação da qualidade do ajustamento, e que é o valor da variação das observações da variável y que é explicado pela reta de regressão $y = a + bx$.

Quando temos uma correlação linear entre duas variáveis estatísticas, tanto o coeficiente de correlação como o de determinação representam uma medida da força do relacionamento entre essas variáveis; caso a correlação seja não linear, o coeficiente de determinação pode ser utilizado.

O **coeficiente de determinação** é dado por:

$$r^2 = \frac{\text{variação explicada}}{\text{variação total}}, \text{ isto é,}$$

$$\boxed{r^2 = \frac{VE}{VT}} \text{ ou } \boxed{r^2 = \frac{VE}{VE + V\tilde{E}}}$$

onde,

VT = variação total:

É a soma dos quadrados das diferenças entre cada um dos valores reais observados de cada y (y_i), e a **média de todos os valores observados** de y ($\bar{y}$), ou seja, a variação total é a soma dos quadrados dos desvios dos valores da variável y em relação à média desses valores, isto é, $\boxed{VT = \sum(y_i - \bar{y})^2}$.

VE = variação explicada:

É a soma dos quadrados das diferenças entre cada um dos valores de cada *y* previsto na reta de regressão ($\hat{y}_i$), e a **média de todos os valores observados** de *y* ($\bar{y}$), isto é, $\boxed{VE = \sum(\hat{y}_i - \bar{y})^2}$.

VẼ = variação não explicada:

É a soma dos quadrados das diferenças entre **os valores reais observados** de cada *y* (y_i), e os respectivos **valores previstos** na reta de regressão ($\hat{y}_i$), isto é, $\boxed{V\tilde{E} = \sum(y_i - \hat{y}_i)^2}$.

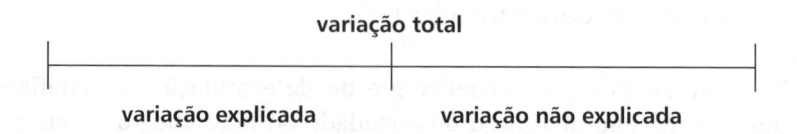

```
              variação total
  |-------------------|-------------------|
     variação explicada   variação não explicada
```

Outro modo de se calcular o valor do **coeficiente de determinação** (r^2), é **elevar ao quadrado** o valor do **coeficiente de correlação linear de Pearson** (*r*).

É importante lembrar que é muito difícil estabelecer um valor fixo para o coeficiente de determinação (r^2) que seja sempre aceitável, pois depende muito de cada situação. Como exemplo, podemos citar que a eficiência e variação na durabilidade de aparelhos eletrônicos de marcapasso cardíaco exigem um alto grau do coeficiente de determinação, enquanto a eficiência e variação na durabilidade de lâmpadas elétricas utilizadas nas residências não exigem um grau tão elevado como o do marcapasso.

Para **interpretação do coeficiente de determinação** nas aplicações, vejamos os seguintes exemplos:

a) Se, para as variáveis *x* (**quantidade de cimento**) e *y* (**resistência à compressão** do concreto utilizado na construção civil), foram feitos diversos ensaios obtendo--se o valor do **coeficiente de correlação** igual a *r* = 0,98 (98%), então o valor do **coeficiente de determinação** é: $r^2 = (0,98)^2 = 0,9604$ (96,04%), o que significa que 96,04% da variação na resistência à compressão podem ser explicados pela variação na quantidade de cimento existente do concreto, e os 3,96% restantes não são explicados pela quantidade de cimento existente do concreto, ou seja, são atribuídos a outros fatores intervenientes no processo (como, por exemplo, qualidade da areia, quantidade de água utilizada etc.).

b) Se, para as variáveis *x* (**metragem de construção**) e *y* (**preço de venda** das casas comercializadas por uma construtora), o valor do **coeficiente de correlação** é *r* = 0,70 (70%), então o valor do **coeficiente de determinação** é: $r^2 = (0,70)^2 = 0,49$ (49%), o que significa que 49% da variação no preço de venda das casas podem ser explicados pela variação na metragem de construção, e os 51% restantes não são explicados pela metragem de construção, ou seja, são atribuídos a outros fatores (como, por exemplo, tipo de acabamento, localização do imóvel etc.).

c) Se, para as variáveis *x* (**nível de instrução**) e *y* (**salários** de determinada categoria), o valor do **coeficiente de correlação** é $r = 0{,}65$ (65%), então o valor do **coeficiente de determinação** é: $r^2 = (0{,}65)^2 = 0{,}4225$ (42,25%), o que significa que 42,25% da variação nos salários são explicados pelo nível de instrução, e que os 57,75% restantes não são explicados pelo nível de instrução, mas sim por outros fatores (como, por exemplo, experiência, produtividade, assiduidade etc.).

d) Se, para as variáveis *x* (**quantidade de chuvas**) e *y* (**produtividade agrícola** de soja em determinada região), o valor do **coeficiente de correlação** é $r = 0{,}82$ (82%), então o valor do **coeficiente de determinação** é: $r^2 = (0{,}82)^2 = 0{,}6724$ (67,24%), o que significa que 67,24% da variação na produtividade da soja são explicados pelo nível de chuvas registrado nessa região, e que os 32,76% restantes não são explicados pela quantidade de chuvas, mas sim por outros fatores (como, por exemplo, qualidade das sementes, tipos de fertilizantes, pragas etc.).

e) Se, para as variáveis *x* (**distância rodoviária, em km**) e *y* (**tempo, em dias** para entrega de mercadorias por uma transportadora), o valor do **coeficiente de correlação** é $r = 0{,}95$ (95%), então o valor do **coeficiente de determinação** é: $r^2 = (0{,}95)^2 = 0{,}9025$ (90,25%), o que significa que 90,25% da variação do tempo de entrega das mercadorias são explicados pela distância rodoviária envolvida, e que os 9,75% restantes não são explicados pela distância, mas sim por outros fatores.

f) Se, para as variáveis *x* (**alturas**) e *y* (**pesos** de um grupo de pessoas), o valor do **coeficiente de correlação** é $r = 0{,}80$ (80%), então o valor do **coeficiente de determinação** é: $r^2 = (0{,}80)^2 = 0{,}64$ (64%), o que significa que 64% da variação de *y* podem ser explicados pela reta de regressão, e que 36% da variação de *y* permanecem não explicados, ou seja, 64% da variação dos pesos das pessoas podem ser explicados pela variação em suas alturas, e os 36% restantes são atribuídos a outros fatores.

g) Se, para as variáveis *x* (**gastos com propaganda**) e *y* (**vendas** de uma empresa), o valor do **coeficiente de correlação** é $r = 0{,}90$ (90%), então o valor do **coeficiente de determinação** é: $r^2 = (0{,}90)^2 = 0{,}81$ (81%), o que significa que 81% da variação de *y* podem ser explicados pela reta de regressão, e que 19% da variação de *y* permanecem não explicados, ou seja, 81% da variação das vendas podem ser explicadas pela variação em gastos com propaganda, e os 19% restantes são atribuídos a outros fatores.

12.6 Aplicações (correlação e regressão)

1) A tabela abaixo apresenta a **produção diária (x)** de determinado tipo de peça, e os respectivos **estoques (y)** dessas peças, observados em 6 dias aleatoriamente escolhidos:

Produção (x)	Estoque (y)
138	29
167	40
204	53
183	36
125	32
190	47

a) Qual é a produção média diária de peças nesse período?

Solução: $m_x = \dfrac{\sum x}{n} = \dfrac{1007}{6} \Rightarrow \boxed{m_x = 167,8}$

b) Qual é o estoque médio diário de peças verificado nesse período?

Solução: $m_y = \dfrac{\sum y}{n} = \dfrac{237}{6} \Rightarrow \boxed{m_y = 39,5}$

c) Determinar o valor do coeficiente de correlação (r).

Solução:

	x	y	xy	x^2	y^2
	138	29	4002	19044	841
	167	40	6680	27889	1600
	204	53	10812	41616	2809
n = 6	183	36	6588	33489	1296
	125	32	4000	15625	1024
	190	47	8930	36100	2209
	$\sum x = 1007$	$\sum y = 237$	$\sum xy = 41012$	$\sum x^2 = 173763$	$\sum y^2 = 9779$

De $r = \dfrac{n \cdot \sum xy - (\sum x) \cdot (\sum y)}{\sqrt{[n \cdot \sum x^2 - (\sum x)^2] \cdot [n \cdot \sum y^2 - (\sum y)^2]}}$, temos:

$r = \dfrac{6 \cdot 41012 - 1007 \cdot 237}{\sqrt{[6 \cdot 173763 - (1007)^2] \cdot [6 \cdot 9779 - (237)^2]}}$

$r = \dfrac{246072 - 238659}{\sqrt{[1042578 - 1014049] \cdot [58674 - 56169]}} = \dfrac{+7413}{\sqrt{28529 \cdot 2505}} = +0{,}877$

Portanto, $\boxed{r = +0{,}877}$ (+ 87,7%) ⇒ **forte correlação direta (positiva)**

d) **Interpretar o resultado do coeficiente de correlação linear da letra (c).**

Resposta: Com base nessa amostra parece haver forte correlação linear entre as produções e os estoques observados nesse período. Como **r** é positivo, à medida que a produção dessas peças **aumenta**, também verificamos que há uma tendência no **aumento** da quantidade de peças no seu estoque; equivalentemente, à medida que a produção **diminui**, há uma tendência na **diminuição** do estoque de peças.

e) **Calcular o valor do coeficiente de determinação (r^2).**

Solução:

Como o valor do coeficiente de correlação é $r = 0{,}877$, então o valor do coeficiente de determinação é:

$r^2 = (0{,}877)^2 = 0{,}7691$ (76,91%).

f) **Interpretar o resultado do coeficiente de determinação da letra (e).**

Solução:

Como $r^2 = 0{,}7691$ (76,91%), isso significa que 76,91% da variação do estoque podem ser explicados pela variação da produção, e que os 23,09% restantes da variação do estoque não são explicados pela variação da produção, mas sim por outros fatores.

g) **Determinar a equação de regressão linear ($y = a + bx$).**

Solução:

O coeficiente angular (b) da reta $y = a + bx$ é:

$b = \dfrac{n \cdot \sum xy - (\sum x) \cdot (\sum y)}{n \cdot \sum x^2 - (\sum x)^2} \Rightarrow b = \dfrac{7413}{28529} \Rightarrow \boxed{b = 0{,}260}$

E o coeficiente linear (a) da reta é:

$$a = \frac{\sum y}{n} - b \cdot \frac{\sum x}{n} \Rightarrow a = \frac{237}{6} - 0{,}260 \cdot \frac{1007}{6} = 39{,}5 - 43{,}637 \Rightarrow \boxed{a = -4{,}137}$$

Portanto, a **equação de regressão linear** (reta ideal) é: $\boxed{y = -4{,}137 + 0{,}260x}$.

Obs.: Para facilitar o entendimento e os cálculos dos coeficientes a e b da equação de regressão linear dos exemplos e exercícios deste capítulo, fazer os arredondamentos para 3 casas decimais.

h) **Qual é o estoque esperado para uma produção correspondente a 150 unidades?**

Solução: O valor esperado de y (estoque) para $x = 150$ (produção) é:

$$y = -4{,}137 + 0{,}260x \Rightarrow y = -4{,}137 + 0{,}260 \cdot 150 = -4{,}137 + 39 \Rightarrow \boxed{y = 34{,}9}$$

(Obs.: Deixar 1 casa decimal a mais que os valores de y da tabela dada)

i) **Construir o gráfico (com o diagrama de dispersão e a reta de regressão).**

1ª Parte: Escala para os valores de x (produção):

Aplicar a Regra de Três Simples sobre a diferença entre o MAIOR e o MENOR valor de x da tabela:

	Prod. (x)	cm
	138	2,0
	167	6,4
maior ⇒	204	12
	183	8,8
menor ⇒	125	0
	190	9,9

$204 - 125 = 79$ ——— 12 cm
$\boxed{138} - 125 = 13$ ——— x' cm
$\Rightarrow x' = \dfrac{13 \cdot 12}{79} = 2{,}0$ cm

$204 - 125 = 79$ ——— 12 cm
$\boxed{167} - 125 = 42$ ——— x' cm
$\Rightarrow x' = \dfrac{42 \cdot 12}{79} = 6{,}4$ cm

$204 - 125 = 79$ ——— 12 cm
$\boxed{183} - 125 = 58$ ——— x' cm
$\Rightarrow x' = \dfrac{58 \cdot 12}{79} = 8{,}8$ cm

$204 - 125 = 79$ ——— 12 cm
$\boxed{190} - 125 = 65$ ——— x' cm
$\Rightarrow x' = \dfrac{65 \cdot 12}{79} = 9{,}9$ cm

2ª Parte: Escala para as coordenadas de dois pontos (quaisquer) da reta de regressão:

Sugestão: Escolher o **menor valor de x** na tabela dada (isto é, $x_1 = 125$) e o **maior valor de x** (isto é, $x_2 = 204$) e calcular as respectivas ordenadas y_1 e y_2 utilizando a **equação da reta** encontrada na **letra (g)**.

Para $\boxed{x_1 = 125}$, temos: $y_1 = -4{,}137 + 0{,}260 \cdot 125 \Rightarrow \boxed{y_1 = 28{,}4}$.

e para $\boxed{x_2 = 204}$, temos: $y_2 = -4{,}137 + 0{,}260 \cdot 204 \Rightarrow \boxed{y_2 = 48{,}9}$.

Portanto, duas das coordenadas da reta de regressão são: **(125; 28,4)** e **(204; 48,9)**.

3ª Parte: Escala para os valores de y (estoque):

Aplicar a **Regra de Três Simples** sobre a diferença entre o MAIOR e o MENOR dos 8 valores de **y** (são os 6 valores da tabela e as 2 ordenadas y_1 e y_2 da reta):

		Estoque (y)	cm					
				53 − 28,4	= 24,6	-----	9 cm	$\Rightarrow x' = \dfrac{0{,}6 \cdot 9}{24{,}6} = 0{,}2$ cm
		29	0,2	$\boxed{29}$ − 28,4	= 0,6	-----	x' cm	
		40	4,2	53 − 28,4	= 24,6	-----	9 cm	$\Rightarrow x' = \dfrac{11{,}6 \cdot 9}{24{,}6} = 4{,}2$ cm
maior ⇒		53	9	$\boxed{40}$ − 28,4	= 11,6	-----	x' cm	
		36	2,8	53 − 28,4	= 24,6	-----	9 cm	$\Rightarrow x' = \dfrac{7{,}6 \cdot 9}{24{,}6} = 2{,}8$ cm
		32	1,3	$\boxed{36}$ − 28,4	= 7,6	-----	x' cm	
		47	6,8	53 − 28,4	= 24,6	-----	9 cm	$\Rightarrow x' = \dfrac{3{,}6 \cdot 9}{24{,}6} = 1{,}3$ cm
menor ⇒	$y_1 =$	28,4	0	$\boxed{32}$ − 28,4	= 3,6	-----	x' cm	
	$y_2 =$	48,9	7,5	53 − 28,4	= 24,6	-----	9 cm	$\Rightarrow x' = \dfrac{18{,}6 \cdot 9}{24{,}6} = 6{,}8$ cm
				$\boxed{47}$ − 28,4	= 18,6	-----	x' cm	
				53 − 28,4	= 24,6	-----	9 cm	$\Rightarrow x' = \dfrac{20{,}5 \cdot 9}{24{,}6} = 7{,}5$ cm
				$\boxed{48{,}9}$ − 28,4	= 20,5	-----	x' cm	

Portanto, o **gráfico** (em outra escala) com o **diagrama de dispersão** e a **reta de tendência linear** é:

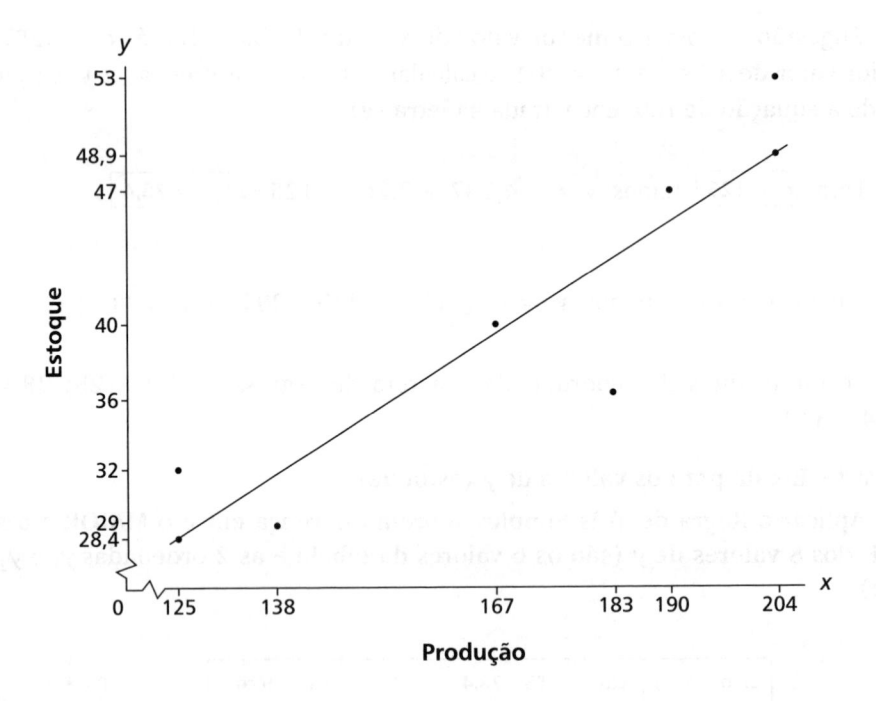

[Diagrama de dispersão: eixo y "Estoque" com valores 28,4; 29; 32; 36; 40; 47; 48,9; 53. Eixo x "Produção" com valores 125, 138, 167, 183, 190, 204.]

2) A tabela abaixo apresenta as **vendas diárias (x)** de determinado tipo de produto, e os respectivos **estoques (y)** desse produto, em unidades, observados em 7 dias aleatoriamente escolhidos:

Venda (x)	Estoque (y)
79	30
102	12
58	25
72	40
65	67
90	35
107	20

a) Determinar o coeficiente de correlação (r).

Solução:

x	y	xy	x^2	y^2
79	30	2370	6241	900
102	12	1224	10404	144
58	25	1450	3364	625
72	40	2880	5184	1600
65	67	4355	4225	4489
90	35	3150	8100	1225
107	20	2140	11449	400
$\sum x = 573$	$\sum y = 229$	$\sum xy = 17569$	$\sum x^2 = 48967$	$\sum y^2 = 9383$

De $r = \dfrac{n \cdot \sum xy - (\sum x) \cdot (\sum y)}{\sqrt{[n \cdot \sum x^2 - (\sum x)^2] \cdot [n \cdot \sum y^2 - (\sum y)^2]}}$, temos:

$r = \dfrac{7 \cdot 17569 - 573 \cdot 229}{\sqrt{[7 \cdot 48967 - (573)^2] \cdot [7 \cdot 9383 - (229)^2]}}$

$r = \dfrac{122983 - 131217}{\sqrt{[342769 - 328329] \cdot [65681 - 52441]}} = \dfrac{-8.234}{\sqrt{14440 \cdot 13240}} = -0,596$

Portanto, $\boxed{r = -0,596}$ (– 59,6%) **correlação inversa (negativa)**

b) Interpretar o resultado do coeficiente de correlação linear.

Resposta: Com base nessa amostra dizemos que há uma correlação linear entre as vendas e os estoques desse produto observados nesse período. Como **r** é negativo, à medida que ocorre um **aumento** nas vendas desse produto, há uma tendência de **diminuição** no seu estoque; equivalentemente, à medida que as vendas **diminuem**, isso ocasiona um **aumento** no estoque.

c) Calcular o valor do coeficiente de determinação (r^2).

Solução:

Como o valor do coeficiente de correlação é – 0,596, então o valor do coeficiente de determinação é:

$r^2 = (-0,596)^2 = 0,3552$ (35,52%).

d) Interpretar o resultado do coeficiente de determinação da letra (c).

Solução:

Como $r^2 = 0{,}3552$ (35,52%), isso significa que 35,52% da variação do estoque podem ser explicados pela variação nas vendas, e que os 64,48% restantes da variação do estoque não são explicados pela variação das vendas, mas sim por outros fatores.

e) Determinar a equação de regressão ($y = a + bx$).

Solução:

Os coeficientes angular (b) e linear (a) da reta ($y = a + bx$) são:

$$b = \frac{n \cdot \sum xy - (\sum x) \cdot (\sum y)}{n \cdot \sum x^2 - (\sum x)^2} \Rightarrow b = \frac{-8234}{14440} \Rightarrow \boxed{b = -0{,}570}$$

$$a = \frac{\sum y}{n} - b \cdot \frac{\sum x}{n} \Rightarrow a = \frac{229}{7} - (-0{,}570) \cdot \frac{573}{7} = 32{,}714 + 46{,}659 \Rightarrow \boxed{a = 79{,}373}$$

Portanto, a equação de regressão linear é: $\boxed{y = 79{,}373 - 0{,}570x}$

f) Qual é o estoque esperado para um total de vendas correspondente a 80 unidades?

Solução:

O valor esperado de y (estoque) para $x = 80$ (vendas) é:

$$y = 79{,}373 - 0{,}570x \Rightarrow y = 79{,}373 - 0{,}570 \cdot 80 = 79{,}373 - 45{,}6 \Rightarrow \boxed{y = 33{,}8}$$

g) Construir o gráfico (com o diagrama de dispersão e a reta de regressão).

1ª Parte: Escala para os valores de x (venda): Aplicar a Regra de Três Simples sobre a diferença entre o MAIOR e o MENOR valor de x da tabela:

Venda (x)	cm
79	4,7
102	9,9
58	0
72	3,1
65	1,6
90	7,2
107	11

$107 - 58 = 49$ ---------- 11 cm
$\boxed{79} - 58 = 21$ ---------- x' cm
$\Rightarrow x' = \dfrac{21 \cdot 11}{49} = 4,7$ cm

$107 - 58 = 49$ ---------- 11 cm
$\boxed{102} - 58 = 44$ ---------- x' cm
$\Rightarrow x' = \dfrac{44 \cdot 11}{49} = 9,9$ cm

$107 - 58 = 49$ ---------- 11 cm
$\boxed{72} - 58 = 14$ ---------- x' cm
$\Rightarrow x' = \dfrac{14 \cdot 11}{49} = 3,1$ cm

$107 - 58 = 49$ ---------- 11 cm
$\boxed{65} - 58 = 7$ ---------- x' cm
$\Rightarrow x' = \dfrac{7 \cdot 11}{49} = 1,6$ cm

$107 - 58 = 49$ ---------- 11 cm
$\boxed{90} - 58 = 32$ ---------- x' cm
$\Rightarrow x' = \dfrac{32 \cdot 11}{49} = 7,2$ cm

2ª Parte: Escala para as coordenadas de dois pontos (quaisquer) da reta de regressão:

Sugestão: Escolher o **menor valor de x** na tabela dada (isto é, $x_1 = 58$) e o **maior valor de x** (isto é, $x_2 = 107$) e calcular as respectivas ordenadas y_1 e y_2 utilizando a **equação da reta** encontrada na **letra (e)**.

Para $\boxed{x_1 = 58}$, temos: $y_1 = 79{,}373 - 0{,}570 \cdot 58 \Rightarrow \boxed{y_1 = 46{,}3}$

e para $\boxed{x_2 = 107}$, temos: $y_2 = 79{,}373 - 0{,}570 \cdot 107 \Rightarrow \boxed{y_2 = 18{,}4}$

Portanto, duas das coordenadas da reta de regressão são: **(58; 46,3)** e **(107; 18,4)**.

3ª Parte: Escala para os valores de y (estoque):

Neste caso, aplicar a **Regra de Três Simples** utilizando o **MAIOR** valor de **y** (são 9 valores, sendo 7 da tabela e as 2 ordenadas y_1 e y_2 da reta):

	Estoque (y)	cm
	30	4,0
	12	1,6
	25	3,4
	40	5,4
maior ⇒	67	9
	35	4,7
	20	2,7
y_1	46,3	6,2
y_2	18,4	2,5

67 ----- 9 cm
30 ----- x' cm
$\Rightarrow x' = \dfrac{30 \cdot 9}{67} = 4{,}0$ cm

67 ----- 9 cm
12 ----- x' cm
$\Rightarrow x' = \dfrac{12 \cdot 9}{67} = 1{,}6$ cm

67 ----- 9 cm
25 ----- x' cm
$\Rightarrow x' = \dfrac{25 \cdot 9}{67} = 3{,}4$ cm

67 ----- 9 cm
40 ----- x' cm
$\Rightarrow x' = \dfrac{40 \cdot 9}{67} = 5{,}4$ cm

67 ----- 9 cm
35 ----- x' cm
$\Rightarrow x' = \dfrac{35 \cdot 9}{67} = 4{,}7$ cm

67 ----- 9 cm
20 ----- x' cm
$\Rightarrow x' = \dfrac{20 \cdot 9}{67} = 2{,}7$ cm

67 ----- 9 cm
$y_1 = 46{,}3$ ----- x' cm
$\Rightarrow x' = \dfrac{46{,}3 \cdot 9}{67} = 6{,}2$ cm

67 ----- 9 cm
$y_2 = 18{,}4$ ----- x' cm
$\Rightarrow x' = \dfrac{18{,}4 \cdot 9}{67} = 2{,}5$ cm

Portanto, o **gráfico** (em outra escala) com o **diagrama de dispersão** e a **reta de tendência linear** é:

Noções de correlação e regressão 267

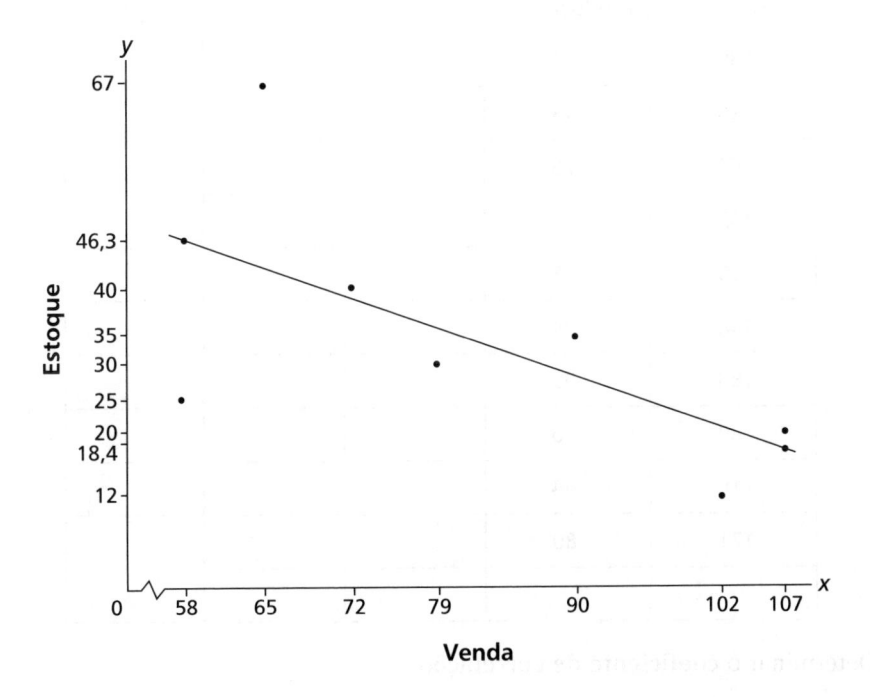

[Gráfico de dispersão: eixo y "Estoque" com valores 12, 18,4, 20, 25, 30, 35, 40, 46,3, 67; eixo x "Venda" com valores 58, 65, 72, 79, 90, 102, 107; com reta de regressão decrescente.]

Exercícios

1) A tabela a seguir apresenta os resultados de um levantamento feito por um engenheiro de produção, sobre a produtividade de determinada máquina, de acordo com as **temperaturas** (x), aplicadas em **graus Celsius** (°C), e as respectivas **porcentagens** (y) de aproveitamento no processo de produção dessa máquina:

Grau (x)	Produção (y)	x · y	x^2	y^2
139	71			
90	13			
163	75			
132	65			
190	88			
148	84			
180	93			
80	20			
118	44			
171	80			

a) Determinar o **coeficiente de correlação**.

b) **Interpretar** o resultado da letra **(a)**.

c) Calcular o **coeficiente de determinação**.

d) **Interpretar** o resultado da letra **(c)**.

e) Encontre a **equação da reta** de regressão.

f) Qual é o **percentual esperado de produção** para uma temperatura de 155° C?

g) Construir o **gráfico** contendo o **diagrama de dispersão** e a **reta de tendência**.

   Solução:

1ª Parte: Escala para os valores do *eixo x* (horizontal):

	Grau (x)	cm
	139	4,8
	90	
	163	
	132	
maior ⇒	190	
	148	
	180	
menor ⇒	80	
	118	
	171	

Tipo de escala para os valores de *x*: Aplicar a Regra de Três Simples sobre a diferença entre o maior e o menor valor de *x* da tabela (Sugestão: considerar 9 cm):

$$190 - 80 = \boxed{110} \text{ -------- } \boxed{9} \text{ cm}$$
$$\boxed{139} - 80 = \boxed{59} \text{ -------- } x' \text{ cm}$$
$$\Rightarrow x' = \frac{\boxed{59} \cdot \boxed{9}}{\boxed{110}} = \boxed{4,8 \text{ cm}}$$

$$190 - 80 = 110 \text{ -------- } 9 \text{ cm}$$
$$\boxed{90} - 80 = 10 \text{ -------- } x' \text{ cm}$$
$$\Rightarrow x' = \frac{\cdot}{\_\_\_} = \boxed{\ldots \text{ cm}}$$

$$190 - 80 = 110 \text{ -------- } 9 \text{ cm}$$
$$\boxed{163} - 80 = 83 \text{ -------- } x' \text{ cm}$$
$$\Rightarrow x' = \frac{\cdot}{\_\_\_} = \boxed{\ldots \text{ cm}}$$

$$190 - 80 = 110 \text{ -------- } 9 \text{ cm}$$
$$\boxed{132} - 80 = \_\_\_ \text{ -------- } x' \text{ cm}$$
$$\Rightarrow x' = \frac{\cdot}{\_\_\_} = \boxed{\ldots \text{ cm}}$$

$$190 - 80 = 110 \text{ -------- } \_\_ \text{ cm}$$
$$\boxed{148} - 80 = \_\_\_ \text{ -------- } x' \text{ cm}$$
$$\Rightarrow x' = \frac{\cdot}{\_\_\_} = \boxed{\ldots \text{ cm}}$$

$$190 - 80 = 110 \text{ -------- } \_\_ \text{ cm}$$
$$\_\_\_ - 80 = \_\_\_ \text{ -------- }$$
$$\Rightarrow x' = \frac{\cdot}{\_\_\_} = \boxed{\ldots \text{ cm}}$$

$$190 - 80 = 110 \text{ -------- } \_\_ \text{ cm}$$
$$\_\_\_ - 80 = \_\_\_ \text{ -------- } x' \text{ cm}$$
$$\Rightarrow x' = \frac{\cdot}{\_\_\_} = \boxed{\ldots \text{ cm}}$$

$$190 - \_\_\_ = \_\_\_ \text{ -------- } \_\_ \text{ cm}$$
$$\_\_\_ - \_\_\_ = \_\_\_ \text{ -------- } x' \text{ cm}$$
$$\Rightarrow x' = \frac{\cdot}{\_\_\_} = \boxed{\ldots \text{ cm}}$$

$$\_\_\_ - \_\_\_ = \_\_\_ \text{ -------- } \_\_ \text{ cm}$$
$$\_\_\_ - \_\_\_ = \_\_\_ \text{ -------- } x' \text{ cm}$$
$$\Rightarrow x' = \frac{\cdot}{\_\_\_} = \boxed{\ldots \text{ cm}}$$

Obs.: Para colocar o menor valor de *x* (80) no eixo horizontal do gráfico, deixar, como **sugestão**, a distância de 1 cm da origem das coordenadas.

2ª Parte: Escala para as coordenadas de dois pontos (quaisquer) da reta de regressão:

Sugestão: Escolher o **menor valor de x** na tabela dada (isto é, $x_1 = 80$) e o **maior valor de x** (isto é, $x_2 = 190$) e **calcular as respectivas ordenadas y_1 e y_2** utilizando a equação da reta encontrada na letra (e).

Para $\boxed{x_1 = 80}$, temos: $y_1 =$ _____ _____ • 80 ⇒ $\boxed{y_1 =}$

e para $\boxed{x_2 = 190}$, temos: $y_2 =$ _____ _____ • 190 ⇒ $\boxed{y_2 =}$

3ª Parte: Escala para os valores do eixo y (vertical):

Produção (y)	cm
71	
13	
75	
65	
88	
84	
93	
20	
44	
80	

Não se esqueça de usar os 10 valores de y da tabela, MAIS os 2 valores de y (y_1 e y_2) encontrados na equação da reta

Acrescentar os dois valores de y da reta, encontrados na 2ª parte:	$x_1 = 80$ (menor) ⇒	$y_1 =$	
	$x_2 = 190$ (maior) ⇒	$y_2 =$	

Tipo de escala para os valores de y: Aplicar a Regra de Três Simples utilizando o maior valor de y (não se esqueça de que são 12 valores de y no total):

☐ -------- ☐ cm
☐ -------- x'   ⇒ $x' = \dfrac{\quad \cdot \quad}{\quad}$

☐ -------- ☐ cm
☐ -------- x'   ⇒ $x' = \dfrac{\quad \cdot \quad}{\quad}$

			cm		
	----------------			⇒	$x' = \underline{\quad\cdot\quad}$
	----------------	x'			
	----------------		cm		
	----------------	x'		⇒	$x' = \underline{\quad\cdot\quad}$
	----------------		cm		
	----------------	x'		⇒	$x' = \underline{\quad\cdot\quad}$
	----------------		cm		
	----------------	x'		⇒	$x' = \underline{\quad\cdot\quad}$
	----------------		cm		
	----------------	x'		⇒	$x' = \underline{\quad\cdot\quad}$
	----------------		cm		
	----------------	x'		⇒	$x' = \underline{\quad\cdot\quad}$
	----------------		cm		
	----------------	x'		⇒	$x' = \underline{\quad\cdot\quad}$
	----------------		cm		
	----------------	x'		⇒	$x' = \underline{\quad\cdot\quad}$

2) A tabela a seguir apresenta um levantamento que uma transportadora fez com seus caminhões, referentes aos **pesos** das cargas (**x**), em toneladas, que transportaram pelas rodovias e da **quilometragem** média rodada por litro de combustível (**y**):

Peso (x)	km/l (y)				Escala (x)	Escala (y)
7,50	4,72					
6,88	5,12					
5,60	4,92					
9,85	3,67					
8,75	3,94					
10,60	3,40					
8,10	4,06					
12,70	3,48					
7,15	4,87					
11,40	3,29					
				Coordenadas de 2 pontos (quaisquer) da reta:		
Para x_1 = ... (Sugestão: Considerar o **menor** valor de **x** na tabela) ⇒ y_1 = ... ⇒ (escala):						
e para x_2 = ... (Sugestão: Considerar o **maior** valor de **x** na tabela) ⇒ y_2 = ... ⇒ (escala):						

a) Determinar o **coeficiente de correlação**.

b) **Interpretar** o resultado da letra **(a)**.

c) Calcular o **coeficiente de determinação**.

d) **Interpretar** o resultado da letra **(c)**.

e) Encontre a **equação da reta** de regressão.

f) Qual a **previsão da quilometragem** média rodada por litro de combustível para o transporte de uma carga de 8400 kg?

g) Construir o **gráfico** contendo o **diagrama de dispersão** e a **reta de tendência**.

Solução:

Escala para os valores do *eixo x* (horizontal):	As coordenadas para dois pontos da reta são: Para $x_1 =$ .... (menor valor de x) $\Rightarrow y_1 =$ .... e para $x_2 =$ ....(maior valor de x) $\Rightarrow y_2 =$ .... Escala para os valores do *eixo y* (vertical):

3) A tabela a seguir apresenta as **áreas construídas (x)**, em m², de uma amostra aleatória de 11 casas selecionadas por um engenheiro civil, e os respectivos **tempos (y)**, em anos, gastos para serem construídas:

x	y	
60	0,7	
78	0,9	
127	2,1	
80	1,0	
70	1,2	
165	1,6	
52	0,8	
105	1,5	
68	0,6	
85	1,3	
110	1,8	

a) Determinar o **coeficiente de correlação**.

b) **Interpretar** o resultado da letra **(a)**.

c) Calcular o **coeficiente de determinação**.

d) **Interpretar** o resultado da letra **(c)**.

e) Encontre a **equação da reta** de regressão.

f) Qual é o **tempo** previsto para se construir uma casa com uma área de 120 m²?

g) Construir o **gráfico** contendo o **diagrama de dispersão** e a **reta de tendência**.

   Solução:

Escala para os valores do *eixo x* (horizontal):	**As coordenadas para dois pontos da reta são:**
	Para $x_1 = $ .... (menor valor de x) $\Rightarrow y_1 = $ .....
	e para $x_2 = $ ....(maior valor de x) $\Rightarrow y_2 = $ .....
	Escala para os valores do *eixo y* (vertical):

Respostas:

1) a) Σx = 1411; Σy = 633; Σxy = 98208; Σx² = 211383; Σy² = 47245; r = + 0,947 (+ 94,7%): forte correlação direta (positiva);

b) O aumento da temperatura do processo implica em um aumento no percentual da produção (equivalentemente, aplicando-se uma temperatura menor no processo, há uma tendência de redução no percentual da produção);

c) r² = 0,8968 (89,68%);

d) Significa que 89,68% da variação na produção podem ser explicados pela variação na temperatura do processo, e que os 10,32% restantes da variação da produção não são explicados pela variação na temperatura, mas sim por outros fatores;

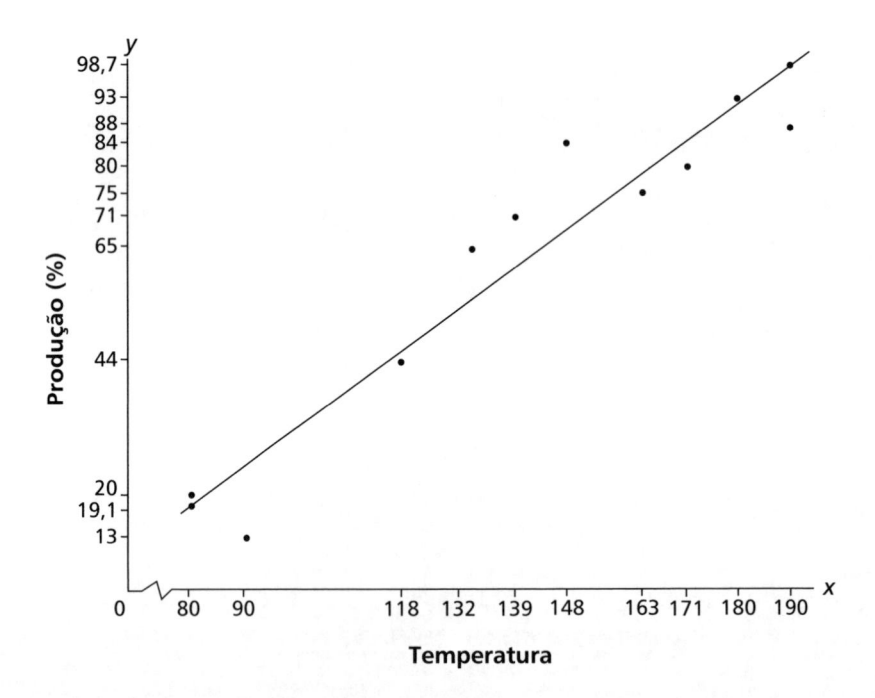

e) y = − 38,715 + 0,723x;

f) 73,4%;

g)

2) a) Σx = 88,53; Σy = 41,47; Σxy = 354,2506; Σx² = 828,8719; Σy² = 176,3867; r = − 0,913 (− 91,3%): forte correlação inversa (negativa);

b) O aumento no peso da carga transportada acarreta uma diminuição na quilometragem média rodada por litro de combustível (equivalentemente, a diminuição no peso da carga transportada acarreta um aumento na quilometragem média rodada por litro de combustível);

c) r² = 0,8336 (83,36%);

d) Significa que 83,36% da variação na quilometragem média rodada por litro de combustível podem ser explicados pela variação no peso da carga transportada, e que os 16,64% restantes da variação na quilometragem média rodada não são explicados pela variação do peso da carga, mas sim por outros fatores;

e) $y = 6,679 - 0,286x$;

f) 4,277 km/l;

g)

Peso da carga

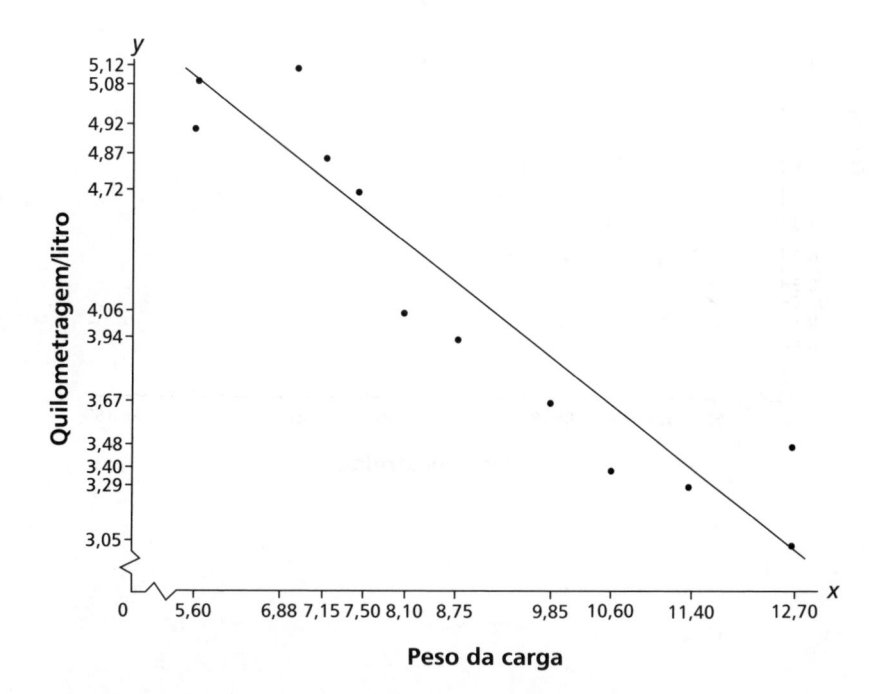

3) a) $\Sigma x = 1000$; $\Sigma y = 13,5$; $\Sigma xy = 1355,3$; $\Sigma x^2 = 102016$; $\Sigma y^2 = 18,89$; $r = +\,0,797$ (+ 79,7%) forte correlação direta (positiva);

b) O aumento da área construída implica em um aumento no tempo de construção (equivalentemente, a diminuição da área construída implica em uma diminuição no tempo de construção);

c) $r^2 = 0,6352$ (63,52%);

d) Significa que 63,52% da variação do tempo de construção podem ser explicados pela variação da área construída, e que os 36,48% restantes da variação no tempo de construção não são explicados pela variação na área de construção do imóvel, mas sim por outros fatores;

e) $y = 0,136 + 0,012x$;

f) 1,6 ano;

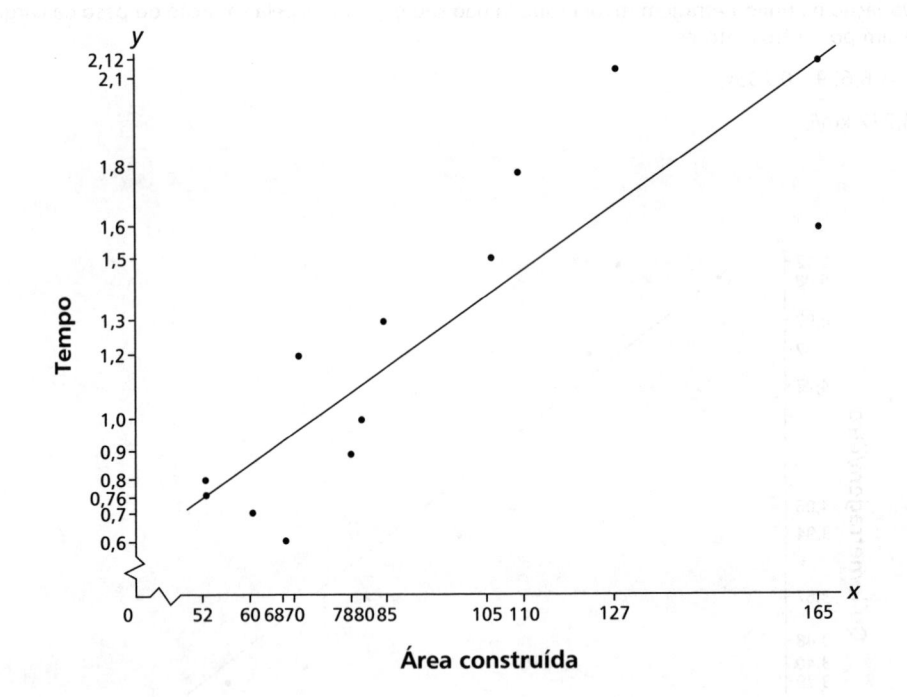

g)

Scatter plot with linear regression: x-axis "Área construída" with values 0, 52, 60, 68, 70, 78, 80, 85, 105, 110, 127, 165; y-axis "Tempo" with values 0,6; 0,7; 0,76; 0,8; 0,9; 1,0; 1,2; 1,3; 1,5; 1,6; 1,8; 2,1; 2,12.

Tabelas

Tabela 1 Distribuição normal padronizada: coeficiente z

(Área de 0 a z)

Z	0,00	0,01	0,02	0,03	0,04	0,05	0,06	0,07	0,08	0,09
0,0	0,0000	0,0040	0,0080	0,0120	0,0160	0,0199	0,0239	0,0279	0,0319	0,0359
0,1	0,0398	0,0438	0,0478	0,0517	0,0557	0,0596	0,0636	0,0675	0,0714	0,0753
0,2	0,0793	0,0832	0,0871	0,0910	0,0948	0,0987	0,1026	0,1064	0,1103	0,1141
0,3	0,1179	0,1217	0,1255	0,1293	0,1331	0,1368	0,1406	0,1443	0,1480	0,1517
0,4	0,1554	0,1591	0,1628	0,1664	0,1700	0,1736	0,1772	0,1808	0,1844	0,1879
0,5	0,1915	0,1950	0,1985	0,2019	0,2054	0,2088	0,2123	0,2157	0,2190	0,2224
0,6	0,2257	0,2291	0,2324	0,2357	0,2389	0,2422	0,2454	0,2486	0,2518	0,2549
0,7	0,2580	0,2611	0,2642	0,2673	0,2704	0,2734	0,2764	0,2794	0,2823	0,2852
0,8	0,2881	0,2910	0,2939	0,2967	0,2995	0,3023	0,3051	0,3078	0,3106	0,3133
0,9	0,3159	0,3186	0,3212	0,3238	0,3264	0,3289	0,3315	0,3340	0,3365	0,3389
1,0	0,3413	0,3438	0,3461	0,3485	0,3508	0,3531	0,3554	0,3577	0,3599	0,3621
1,1	0,3643	0,3665	0,3686	0,3708	0,3729	0,3749	0,3770	0,3790	0,3810	0,3830
1,2	0,3849	0,3869	0,3888	0,3907	0,3925	0,3944	0,3962	0,3980	0,3997	0,4015
1,3	0,4032	0,4049	0,4066	0,4082	0,4099	0,4115	0,4131	0,4147	0,4162	0,4177
1,4	0,4192	0,4207	0,4222	0,4236	0,4251	0,4265	0,4279	0,4292	0,4306	0,4319
1,5	0,4332	0,4345	0,4357	0,4370	0,4382	0,4394	0,4406	0,4418	0,4429	0,4441
1,6	0,4452	0,4463	0,4474	0,4484	0,4495	0,4505	0,4515	0,4525	0,4535	0,4545
1,7	0,4554	0,4564	0,4573	0,4582	0,4591	0,4599	0,4608	0,4616	0,4625	0,4633
1,8	0,4641	0,4649	0,4656	0,4664	0,4671	0,4678	0,4686	0,4693	0,4699	0,4706
1,9	0,4713	0,4719	0,4726	0,4732	0,4738	0,4744	0,4750	0,4756	0,4761	0,4767
2,0	0,4772	0,4778	0,4783	0,4788	0,4793	0,4798	0,4803	0,4808	0,4812	0,4817
2,1	0,4821	0,4826	0,4830	0,4834	0,4838	0,4842	0,4846	0,4850	0,4854	0,4857
2,2	0,4861	0,4864	0,4868	0,4871	0,4875	0,4878	0,4881	0,4884	0,4887	0,4890
2,3	0,4893	0,4896	0,4898	0,4901	0,4904	0,4906	0,4909	0,4911	0,4913	0,4916
2,4	0,4918	0,4920	0,4922	0,4925	0,4927	0,4929	0,4931	0,4932	0,4934	0,4936
2,5	0,4938	0,4940	0,4941	0,4943	0,4945	0,4946	0,4948	0,4949	0,4951	0,4952
2,6	0,4953	0,4955	0,4956	0,4957	0,4959	0,4960	0,4961	0,4962	0,4963	0,4964
2,7	0,4965	0,4966	0,4967	0,4968	0,4969	0,4970	0,4971	0,4972	0,4973	0,4974
2,8	0,4974	0,4975	0,4976	0,4977	0,4977	0,4978	0,4979	0,4979	0,4980	0,4981
2,9	0,4981	0,4982	0,4982	0,4983	0,4984	0,4984	0,4985	0,4985	0,4986	0,4986
3,0	0,4986	0,4987	0,4987	0,4988	0,4988	0,4989	0,4989	0,4989	0,4990	0,4990
3,1	0,4990	0,4991	0,4991	0,4991	0,4992	0,4992	0,4992	0,4992	0,4993	0,4993
3,2	0,4993	0,4993	0,4994	0,4994	0,4994	0,4994	0,4994	0,4995	0,4995	0,4995
3,3	0,4995	0,4995	0,4995	0,4996	0,4996	0,4996	0,4996	0,4996	0,4996	0,4997
3,4	0,4997	0,4997	0,4997	0,4997	0,4997	0,4997	0,4997	0,4997	0,4998	0,4998
3,5	0,4998	0,4998	0,4998	0,4998	0,4998	0,4998	0,4998	0,4998	0,4998	0,4998
3,6	0,4998	0,4998	0,4999	0,4999	0,4999	0,4999	0,4999	0,4999	0,4999	0,4999
3,7	0,4999	0,4999	0,4999	0,4999	0,4999	0,4999	0,4999	0,4999	0,4999	0,4999
3,8	0,4999	0,4999	0,4999	0,4999	0,4999	0,4999	0,4999	0,5000	0,5000	0,5000
3,9	0,5000	0,5000	0,5000	0,5000	0,5000	0,5000	0,5000	0,5000	0,5000	0,5000

Fonte: STEVENSON, William J. *Estatística aplicada à administração*. São Paulo: Harbra, 2001. p. 461.

Tabela 2 Distribuição de Student: coeficiente t

(Área no extremo da cauda)

Graus de liberdade	0,10 (10%)	0,05 (5%)	0,025 (2,5%)	0,01 (1%)	0,005 (0,5%)	0,0025 (0,25%)	0,001 (0,1%)	0,0005 (0,05%)
1	3,078	6,314	12,706	31,821	63,657	127,320	318,310	636,620
2	1,886	2,920	4,303	6,965	9,925	14,089	22,327	31,598
3	1,638	2,353	3,182	4,541	5,841	7,453	10,214	12,924
4	1,533	2,132	2,776	3,747	4,604	5,598	7,173	8,610
5	1,476	2,015	2,571	3,365	4,032	4,773	5,893	6,869
6	1,440	1,943	2,447	3,143	3,707	4,317	5,208	5,959
7	1,415	1,895	2,365	2,998	3,499	4,029	4,785	5,408
8	1,397	1,860	2,306	2,896	3,355	3,833	4,501	5,041
9	1,383	1,833	2,262	2,821	3,250	3,690	4,297	4,781
10	1,371	1,812	2,228	2,764	3,169	3,581	4,144	4,587
11	1,363	1,796	2,201	2,718	3,106	3,497	4,025	4,437
12	1,356	1,782	2,179	2,681	3,055	3,428	3,930	4,318
13	1,350	1,771	2,160	2,650	3,012	3,372	3,852	4,221
14	1,345	1,761	2,145	2,624	2,977	3,326	3,787	4,140
15	1,341	1,753	2,131	2,602	2,947	3,286	3,733	4,073
16	1,337	1,746	2,120	2,583	2,921	3,252	3,686	4,015
17	1,333	1,740	2,110	2,567	2,898	3,222	3,646	3,965
18	1,330	1,734	2,101	2,552	2,878	3,197	3,610	3,922
19	1,328	1,729	2,093	2,539	2,861	3,174	3,579	3,883
20	1,325	1,725	2,086	2,528	2,845	3,153	3,552	3,850
21	1,323	1,721	2,080	2,518	2,831	3,135	3,527	3,819
22	1,321	1,717	2,074	2,508	2,819	3,119	3,505	3,792
23	1,319	1,714	2,069	2,500	2,807	3,104	3,485	3,767
24	1,318	1,711	2,064	2,492	2,797	3,091	3,467	3,745
25	1,316	1,708	2,060	2,485	2,787	3,078	3,450	3,725
26	1,315	1,706	2,056	2,479	2,779	3,067	3,435	3,707
27	1,314	1,703	2,052	2,473	2,771	3,057	3,421	3,690
28	1,313	1,701	2,048	2,467	2,763	3,047	3,408	3,674
29	1,311	1,699	2,045	2,462	2,756	3,038	3,396	3,659
30	1,310	1,697	2,042	2,457	2,750	3,030	3,385	3,646
40	1,303	1,684	2,021	2,423	2,704	2,971	3,307	3,551
60	1,296	1,671	2,000	2,390	2,660	2,915	3,232	3,460
120	1,289	1,658	1,980	2,358	2,617	2,860	3,160	3,373
∞	1,282	1,645	1,960	2,326	2,576	2,807	3,090	3,291

Fonte: STEVENSON, William J. *Estatística aplicada à administração*. São Paulo: Harbra, 2001. p. 462.

Tabela 3 Distribuição qui quadrado

(Área à direita do valor crítico)

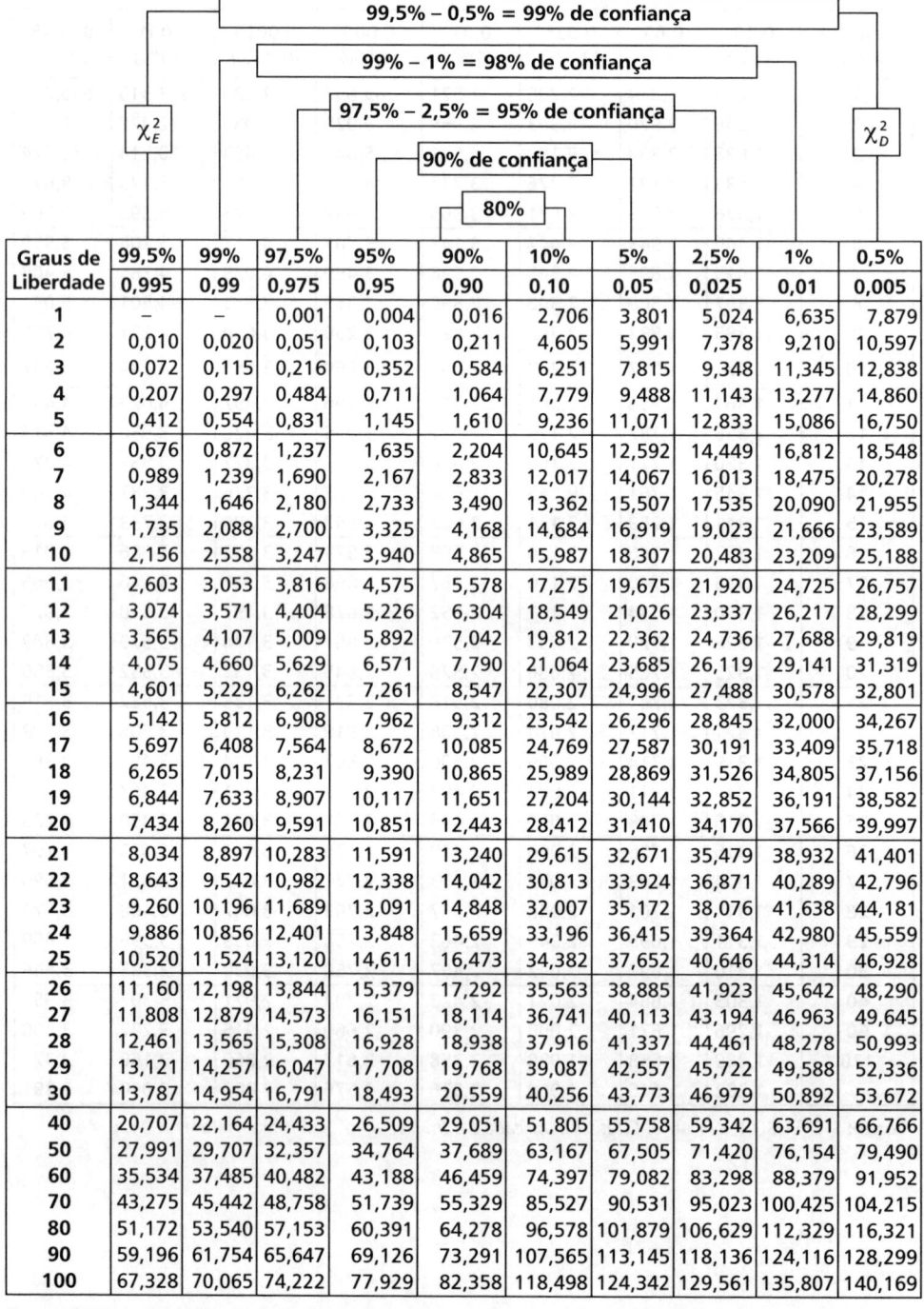

- 99,5% − 0,5% = 99% de confiança
- 99% − 1% = 98% de confiança
- 97,5% − 2,5% = 95% de confiança
- 90% de confiança
- 80%

χ_E^2 χ_D^2

Graus de Liberdade	99,5% 0,995	99% 0,99	97,5% 0,975	95% 0,95	90% 0,90	10% 0,10	5% 0,05	2,5% 0,025	1% 0,01	0,5% 0,005
1	–	–	0,001	0,004	0,016	2,706	3,801	5,024	6,635	7,879
2	0,010	0,020	0,051	0,103	0,211	4,605	5,991	7,378	9,210	10,597
3	0,072	0,115	0,216	0,352	0,584	6,251	7,815	9,348	11,345	12,838
4	0,207	0,297	0,484	0,711	1,064	7,779	9,488	11,143	13,277	14,860
5	0,412	0,554	0,831	1,145	1,610	9,236	11,071	12,833	15,086	16,750
6	0,676	0,872	1,237	1,635	2,204	10,645	12,592	14,449	16,812	18,548
7	0,989	1,239	1,690	2,167	2,833	12,017	14,067	16,013	18,475	20,278
8	1,344	1,646	2,180	2,733	3,490	13,362	15,507	17,535	20,090	21,955
9	1,735	2,088	2,700	3,325	4,168	14,684	16,919	19,023	21,666	23,589
10	2,156	2,558	3,247	3,940	4,865	15,987	18,307	20,483	23,209	25,188
11	2,603	3,053	3,816	4,575	5,578	17,275	19,675	21,920	24,725	26,757
12	3,074	3,571	4,404	5,226	6,304	18,549	21,026	23,337	26,217	28,299
13	3,565	4,107	5,009	5,892	7,042	19,812	22,362	24,736	27,688	29,819
14	4,075	4,660	5,629	6,571	7,790	21,064	23,685	26,119	29,141	31,319
15	4,601	5,229	6,262	7,261	8,547	22,307	24,996	27,488	30,578	32,801
16	5,142	5,812	6,908	7,962	9,312	23,542	26,296	28,845	32,000	34,267
17	5,697	6,408	7,564	8,672	10,085	24,769	27,587	30,191	33,409	35,718
18	6,265	7,015	8,231	9,390	10,865	25,989	28,869	31,526	34,805	37,156
19	6,844	7,633	8,907	10,117	11,651	27,204	30,144	32,852	36,191	38,582
20	7,434	8,260	9,591	10,851	12,443	28,412	31,410	34,170	37,566	39,997
21	8,034	8,897	10,283	11,591	13,240	29,615	32,671	35,479	38,932	41,401
22	8,643	9,542	10,982	12,338	14,042	30,813	33,924	36,871	40,289	42,796
23	9,260	10,196	11,689	13,091	14,848	32,007	35,172	38,076	41,638	44,181
24	9,886	10,856	12,401	13,848	15,659	33,196	36,415	39,364	42,980	45,559
25	10,520	11,524	13,120	14,611	16,473	34,382	37,652	40,646	44,314	46,928
26	11,160	12,198	13,844	15,379	17,292	35,563	38,885	41,923	45,642	48,290
27	11,808	12,879	14,573	16,151	18,114	36,741	40,113	43,194	46,963	49,645
28	12,461	13,565	15,308	16,928	18,938	37,916	41,337	44,461	48,278	50,993
29	13,121	14,257	16,047	17,708	19,768	39,087	42,557	45,722	49,588	52,336
30	13,787	14,954	16,791	18,493	20,559	40,256	43,773	46,979	50,892	53,672
40	20,707	22,164	24,433	26,509	29,051	51,805	55,758	59,342	63,691	66,766
50	27,991	29,707	32,357	34,764	37,689	63,167	67,505	71,420	76,154	79,490
60	35,534	37,485	40,482	43,188	46,459	74,397	79,082	83,298	88,379	91,952
70	43,275	45,442	48,758	51,739	55,329	85,527	90,531	95,023	100,425	104,215
80	51,172	53,540	57,153	60,391	64,278	96,578	101,879	106,629	112,329	116,321
90	59,196	61,754	65,647	69,126	73,291	107,565	113,145	118,136	124,116	128,299
100	67,328	70,065	74,222	77,929	82,358	118,498	124,342	129,561	135,807	140,169

Fonte: TRIOLA, Mário F. *Introdução à estatística*. 10. ed. Rio de Janeiro: LTC, 2008. p. 621.

Referências

ANDERSON, David R.; SWEENEY, Dennis J.; WILLIAMS, Thomas A. *Estatística aplicada à administração e economia*. 2. ed. São Paulo: Thomson, 2007.

BARBETTA, Pedro Alberto; REIS, Marcelo Menezes; BORNIA, Antonio Cezar. *Estatística para os cursos de engenharia e informática*. 3. ed. São Paulo: Atlas, 2010.

BUSSAB, Wilton O.; MORETTIN, Pedro A. *Estatística básica*. 8. ed. São Paulo: Atual, 2013.

COSTA NETO, Pedro Luiz de Oliveira. *Estatística*. 2. ed. São Paulo: Edgard Blücher, 2002.

DOWNING, Douglas; CLARK, Jeffrey. *Estatística aplicada*. 3. ed. São Paulo: Saraiva, 2011.

FREUND, John E.; SIMON, Gary A. *Estatística aplicada*: economia, administração e contabilidade. 11. ed. Porto Alegre: Bookman, 2008.

HINES, William W.; MONTGOMERY, C. Douglas; GOLDSMAN, David M.; BORROR, Connie M. *Probabilidade e estatística na engenharia*. 4. ed. Rio de Janeiro: LTC, 2006.

LARSON, Ron; FARBER, Betsy. *Estatística aplicada*. 4. ed. São Paulo: Pearson Prentice Hall, 2010.

MARTINS, Gilberto de Andrade. *Estatística geral e aplicada*. 4. ed. São Paulo: Atlas, 2011.

MILONE, Giuseppe. *Estatística geral e aplicada*. São Paulo: Pioneira Thomson Learning, 2004.

MONTGOMERY, C. Douglas; RUNGER, George C. *Estatística aplicada e probabilidade para engenheiros*. 4. ed. Rio de Janeiro: LTC, 2009.

MOORE, David. *A estatística básica e sua prática*. 5. ed. Rio de Janeiro: LTC, 2011.

MORETTIN, Luiz Gonzaga. *Estatística básica, probabilidade e inferência*. Volume único. São Paulo: Pearson Prentice Hall, 2011.

SPIEGEL, Murray Ralph. *Estatística*. 4. ed. Porto Alegre: Bookman, 2009.

STEVENSON, William J. *Estatística aplicada à administração*. São Paulo: Harbra, 2001.

TOLEDO, Geraldo Luciano; OVALLE, Ivo Izidoro. *Estatística básica*. 2. ed. São Paulo: Atlas, 1995.

TRIOLA, Mario F. *Introdução à estatística*. 10. ed. Rio de Janeiro: LTC, 2008.

WALPOLE, Ronald E.; MYERS, Raymond H.; MYERS, Sharon L.; YE, Keying. *Probabilidade e estatística para engenharia e ciências*. 8. ed. São Paulo: Pearson Prentice Hall, 2009.

atlas

www.grupogen.com.br

2018

ROTAPLAN
GRÁFICA E EDITORA LTDA
Rua Álvaro Seixas, 165
Engenho Novo - Rio de Janeiro
Tels.: (21) 2201-2089 / 8898
E-mail: rotaplanrio@gmail.com